Python

洪锦魁 编著

GUI设计tkinter菜鸟编程

（增强版）

清华大学出版社

北 京

内 容 简 介

本书是国内首先使用 Python tkinter 设计 GUI 的中文书籍之一。本书主要讲解如何在窗口内使用 Python 的内部模块 tkinter 设计图形用户接口 (GUI) 程序，让用户可以利用图形接口与计算机沟通。tkinter 模块是一个跨平台的窗口应用程序，使用它设计的程序可以在 Windows、macOS、Linux 系统上执行。

2019 年《Python GUI 设计 tkinter 菜鸟编程》一经出版便受到广大读者的喜爱。为了使其内容更丰富，本书在其基础上增加了一些重要的项目实例，全书超过 312 个程序实例，一步一步讲解 tkinter 控件 (Widget) 的基础知识，同时也将应用范围扩充至小算盘、分形 (Fractal) 设计、文书编辑、走马灯、模拟海龟绘图、球类竞赛、风扇设计、单个或多个反弹球设计、钟摆、直方图动态排序、动画与游戏设计、MP3 音乐播放器。Python 是一门可以灵活使用的程序语言，本书的特色是对 tkinter 最基础的知识使用了大量灵活的实例，说明其在各种环境下的应用方法。读者可以由这些程序实例，事半功倍地学会用 tkinter 设计跨平台的窗口程序。

图书在版编目(CIP)数据

Python GUI设计tkinter菜鸟编程：增强版 /洪锦魁编著. —北京：清华大学出版社，2024.2
ISBN 978-7-302-64500-9

Ⅰ.①P… Ⅱ.①洪… Ⅲ.①软件工具－程序设计 Ⅳ.①TP311.561

中国国家版本馆CIP数据核字（2023）第162604号

责任编辑： 杨迪娜　薛　阳
封面设计： 徐　超
责任校对： 徐俊伟
责任印制： 宋　林

出版发行： 清华大学出版社
　　　　　网　　　址：https://www.tup.com.cn，https://www.wqxuetang.com
　　　　　地　　　址：北京清华大学学研大厦A座　　　邮　　编：100084
　　　　　社 总 机：010-83470000　　　　　　　　　邮　　购：010-62786544
　　　　　投稿与读者服务：010-62776969，c-service@tup.tsinghua.edu.cn
　　　　　质 量 反 馈：010-62772015，zhiliang@tup.tsinghua.edu.cn
印 装 者： 三河市君旺印务有限公司
经　　销： 全国新华书店
开　　本： 170mm×240mm　　**印　张：** 17.5　　　**字　数：** 334千字
版　　次： 2024年2月第1版　　**印　次：** 2024年2月第1次印刷
定　　价： 99.00元

产品编号：103564-01

前　言

2019 年 8 月笔者出版了《Python GUI 设计 tkinter 菜鸟编程》，这是市面上首本讲解 GUI 设计的图书，很快就销售了 5000 多册。本书是该书的增强版，除修订了一些语句外，还增加了 GUI 专题实践，让整个 GUI 的设计实例更加完善，让读者获得更好的参考价值。

Python 应用程序内附 tkinter 模块。该模块主要用于设计图形用户接口 (Graphical User Interface，GUI)，也可用于设计跨平台的窗口应用程序，而且该模块中的控件 (Widget) 也可用于设计图形接口让用户和计算机沟通。tkinter 模块简单好用，但是目前却少有书籍对这个模块做过完整的功能介绍，这也是笔者决定撰写本书的动力。

本书基本上不对 Python 语法进行介绍，所以读者需要有一定的 Python 知识才适合阅读本书，如果没有 Python 基础，建议先阅读讲解 Python 基础知识的图书，创建起完整的 Python 知识体系。

本书将通过约 312 个程序实例讲解下列知识。

(1) Python tkinter Widget；

(2) Python tkinter.ttk Widget；

(3) Widget 常用属性；

(4) Widget 常用方法；

(5) 变量类别；

(6) 事件与绑定；

(7) 计算器设计；

(8) 文本编辑程序设计；

(9) 动画游戏设计；

(10) 谢尔宾斯基三角形、递归树、科赫雪花等分形设计；

(11) 走马灯设计；

(12) 模拟海龟绘图；

(13) 球类竞赛；

(14) 风扇设计；

(15) 单个或多个反弹球设计；

(16) 钟摆与旋转钟摆设计；

(17) 创建直方图与动态排序；

(18) MP3 音乐播放器；

(19) 窗口接口的 YouTube 影音文件下载。

笔者曾写过许多计算机书籍，本书沿袭笔者以往著作的特色，程序实例丰富，相信读者只要遵循本书的学习路线，必定可以在最短时间精通图形用户接口程序设计。本书内容力求完美，但是书中疏漏与不足之处在所难免，希望读者不吝指正。

洪锦魁

2024 年 1 月

图书资源说明

本书中的所有程序实例通过扫描书后的二维码获取。

目　　录

第 1 章

基本概念

1-1 认识 GUI 和 tkinter

GUI 的英文全称是 Graphical User Interface，中文译为图形用户接口。早期人与计算机之间的沟通是文字形式的沟通，例如，早期的 DOS、Windows 的命令提示符窗口、Linux 系统，等等。本书主要说明如何设计图形用户接口，以让用户可以与计算机进行沟通，并介绍如何使用 Python 内附的 tkinter 模块设计相关程序。

tkinter 是一个开放源码的图形接口开发工具，原来是用 TCL（Tool Command Language，工具命令语言）编写的 GUI 函数库，最初发展是从 1991 年开始，具有跨平台的特性，可以在 Linux、Windows、macOS 等操作系统上执行。tkinter 工具提供许多图形接口，例如，标签（Label）、菜单（Menu）、按钮（Button）等。目前，tkinter 工具已经移植到 Python 语言，属于 Python 语言内建的模块，在 Python 2 版本中该模块名称是 tkinter，在 Python 3 版本中该模块被称为 tkinter 模块。

在安装 Python 时，就已经同时安装此模块了，在使用前只需要导入此模块即可，导入语句如下。

```
from tkinter import *
```

之后就可以使用此模块的工具设计多样化的 GUI 程序了。软件版本变化很快，在正式进入 Python 的 tkinter 模块前下面首先介绍如何了解自己的 tkinter 版本。

程序实例 ch1_0.py: 列出 tkinter 版本号。

```
1  # ch1_0.py
2  from tkinter import *
3
4  print(tkinter.TkVersion)
```

执行结果

```
==================== RESTART: D:\PythonGUI\ch1\ch1_0.py ====================
8.6
>>>
```

一般 8.5 以后的版本功能比较健全。

1-2 创建窗口

可以使用下列方法创建窗口。

```
root = Tk( )          # root 是自行定义的 Tk 对象名称，也可以取其他名称
root.mainloop( )      # 放在程序最后一行
```

通常将使用 Tk( ) 方法创建的窗口称为根窗口，之后可以在根窗口中创建许多控件，也可以在根窗口中创建上层窗口。本例中用 root 作为对象名称，读者也可以自行取其他名称。上述 mainloop( ) 方法可以让程序继续执行，同时进入等待与处理窗口事件，单击窗口右上方的"关闭"按钮，此程序才会结束。

程序实例 ch1_1.py：创建空白窗口，窗口默认名称是 tk。

```
1  # ch1_1.py
2  from tkinter import *
3
4  root = Tk()
5  root.mainloop()
```

执行结果　下方右图是更改窗口大小后的结果。

上方左边窗口是默认大小，当窗口出现后，可以拖曳移动窗口或更改窗口大小。

注　在 GUI 程序设计中，有时候也将上述所创建的窗口（window）称为容器（container）。

1-3　窗口属性的设置

下列是与窗口相关的方法。

方法	说明
title( )	设置窗口的标题
geometry("widthxheight+x+y")	设置窗口宽 width 与高 height，单位是像素（pixel），设定窗口位置
maxsize(width,height)	拖曳时可以设置窗口最大的宽 (width) 与高 (height)
minsize(width,height)	拖曳时可以设置窗口最小的宽 (width) 与高 (height)
configure(bg="color")	设置窗口的背景颜色
resizable(True,True)	可设置是否更改窗口大小，第一个参数是宽，第二个参数是高，如果要固定窗口的宽与高，可以使用 resizeable(0,0)
state("zoomed")	最大化窗口
iconify( )	最小化窗口
iconbitmap("xx.ico")	更改默认窗口图标

程序实例 ch1_2.py：设置窗口标题为 **MyWindow**，同时设置宽是 300，高是 160。

```
1  # ch1_2.py
2  from tkinter import *
3
4  root = Tk()
5  root.title("MyWindow")      # 窗口标题
6  root.geometry("300x160")    # 窗口大小
7  root.configure(bg='yellow') # 窗口背景颜色
8  root.mainloop()
```

执行结果

上述第 7 行使用 bg 设置了窗口背景颜色，相关颜色名称可以参考附录 A。除了可以使用名称直接设置色彩外，还可以使用十六进制方式设置色彩的 RGB 值，其中每个色彩用两个十六进制数字表示。从附录 A 的色彩表也可以看到 RGB 数值所代表的颜色。

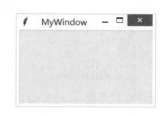

程序实例 ch1_3.py：使用 mystar.ico 更改系统默认的图标，同时使用另一种更改背景颜色的方法。

执行结果

```
1   # ch1_3.py
2   from tkinter import *
3
4   root = Tk()
5   root.configure(bg='#00ff00')        # 窗口背景颜色
6   root.iconbitmap("mystar.ico")       # 更改图标
7   root.mainloop()
```

新的窗口图标 →

1-4　窗口位置的设置

geometry( ) 方法除了可以设置窗口的大小，也可以设置窗口的位置，此时它的语法格式如下。

```
geometry(widthxheight+x+y)
```

上述 width×height 已说明是窗口的宽和高，width 与 height 用 x 分隔。"+x" 表示 x 是窗口左边距离屏幕左边的距离；如果是 "-x"，则表示 x 是窗口右边距离屏幕右边的距离。"+y" 表示 y 是窗口上边距离屏幕上边的距离；如果是 "-y"，则表示 y 是窗口下边距离屏幕下边的距离。

程序实例 ch1_4.py：创建一个 300×160 大小的窗口，此窗口左上角坐标是 (400,200)。

```
1   # ch1_4.py
2   from tkinter import *
3
4   root = Tk()
5   root.geometry("300x160+400+200")     # 距离屏幕左上角坐标是(400,200)
6   root.mainloop()
```

执行结果

Python 是一个很灵活的程序语言，可参考下列实例。

程序实例 ch1_5.py：重新设计 geometry( ) 方法，读者可以自行判断使用哪一种方式创建窗口与设置窗口位置。

```
1  # ch1_5.py
2  from tkinter import *
3
4  root = Tk()
5  w = 300                                    # 窗口宽
6  h = 160                                    # 窗口高
7  x = 400                                    # 窗口左上角X轴位置
8  y = 200                                    # 窗口左上角Y轴位置
9  root.geometry("%dx%d+%d+%d" % (w,h,x,y))
10 root.mainloop()
```

执行结果　与程序实例 ch1_4.py 相同。

在 tkinter 模块中可以使用下列方法获得屏幕的宽度和高度。

```
winfo_screenwidth( )            # 屏幕宽度

winfo_screenheight( )           # 屏幕高度
```

程序实例 ch1_6.py：设计窗口同时将此窗口放在屏幕中央。

```
1  # ch1_6.py
2  from tkinter import *
3
4  root = Tk()
5  screenWidth = root.winfo_screenwidth()     # 屏幕宽度
6  screenHeight = root.winfo_screenheight()   # 屏幕高度
7  w = 300                                    # 窗口宽
8  h = 160                                    # 窗口高
9  x = (screenWidth - w) / 2                  # 窗口左上角X轴位置
10 y = (screenHeight - h ) / 2                # 窗口左上角Y轴位置
11 root.geometry("%dx%d+%d+%d" % (w,h,x,y))
12 root.mainloop()
```

执行结果　读者可以在屏幕中央看到此窗口。

1-5　认识 tkinter 的 Widget

1-5-1　tkinter 的 Widget

Widget 可以翻译为控件或组件或部件。窗口创建完成后，下一步是在窗口内创建控件，我们将这些控件统称为 Widget。

(1) Button(按钮)：可参考第 4 章。

(2) Canvas(画布)：可参考第 19 章。

(3) Checkbutton(复选框)：可参考 7-2 节。

(4) Entry(文本框)：可参考第 5 章。

(5) Frame(框架)：可参考 8-1 节。

(6) Label(标签)：可参考第 2 章。

(7) LabelFrame(标签框架)：可参考 8-2 节。

(8) Listbox(列表框)：可参考第 12 章。

(9) Menu(菜单)：可参考第 16 章。

(10) MenuButton(菜单按钮)：这个是过时的控件，已经被 Menu( ) 取代。

(11) Message(消息)：可参考 10-1 节。

(12) OptionMenu(下拉式菜单)：可参考第 13-1 节。

(13) PanedWindow(面板)：可参考第 14-1 节。

(14) Radiobutton(单选按钮)：可参考 7-1 节。

(15) Scale(尺度)：可参考 9-1 节。

(16) Scrollbar(滚动条)：可参考 12-8 节。

(17) Spinbox(可微调输入控件)：可参考 9-2 节。

(18) Text(文字区域)：可参考第 17 章。

(19) Toplevel(上层窗口)：可参考 8-3 节。

从第 2 章开始将依次介绍上述控件，另外在各章节中会穿插介绍控件配置管理员 (Widget Layout Manager)、图像 (Image)、事件 (Event)。最后需要读者了解的是，在 tkinter 中所有的 Widget 其实都是面向对象的类，我们通过调用构造方法来达到创建相关 Widget 控件的目的。

1-5-2　加强版的 tkinter 模块

tkinter 在后来也推出了加强版的模块，称为 tkinter.ttk，有时简称为 ttk，这个模块中有 17 个 Widget。下列是原本 tkinter 有的 Widget。

(1) Button。

(2) Checkbutton。

(3) Entry。

(4) Frame。

(5) Label。

(6) LabelFrame。

(7) MenuButton。

(8) Radiobutton。

(9) Scale。

(10) Scrollbar。

(11) PanedWindow。

下列是 ttk 模块新增的 Widget。

(1) Combobox：可参考第 13-2 节。

(2) Notebook：可参考第 14-2 节。

(3) Progressbar：可参考第 15 章。

(4) Separator：可参考 2-16 节。

(5) Sizegrip：可以拖曳最上层窗口右下方更改最上层窗口的大小。

(6) Treeview：可参考第 18 章。

导入上述模块可以使用下列方式。

```
from tkinter import ttk
```

如果使用下列方式导入 ttk，可以覆盖原先 tkinter 的控件。

```
from tkinter import *
from tkinter.ttk import *
```

使用 ttk 可以有更好的外观，而且也可以跨平台使用，不过并没有 100% 兼容。例如，fg、bg 参数或一些外观相关的参数 tk 和 ttk 是不相同的。ttk 使用的是 ttk.Style 类别。

1-6　Widget 的共同属性

设计控件时会看到下列共同属性。

Dimensions：大小，相关应用可参考 2-3 节。

Color：颜色，相关应用可参考 2-2 节。

Font：字形，相关应用可参考 2-6 节。

Anchor：锚（位置参考点），相关应用可参考 2-4 节。

Relief styles：属性边框，相关应用可参考 2-10 节。

Bitmaps：显示位图，相关应用可参考 2-8 节。

Cursors：光标形状，相关应用可参考 2-14 节。

从第 2 章起，会分别说明上述所有概念。

1-7　Widget 的共同方法

设计控件时会看到下列常用的共同方法。

1. Configuration

(1) config(option=value)：Widget 属性可以在创建时设置，也可以在程序执行时使用 config( ) 重新设置，相关应用可参考 2-13 节。

(2) cget("option")：取得 option 参数值，相关应用可参考 2-13 节。

(3) keys( )：让程序继续执行，同时进入等待与处理窗口事件，相关应用可参考 2-15 节。

2. Event Processing

(1) mainloop( )：让程序继续执行，同时进入等待与处理窗口事件，相关应用可参考 1-2 节。

(2) quit( )：Python Shell 窗口结束，但是所建窗口继续执行，相关应用可参考 5-3 节。

(3) update( )：更新窗口画面，相关应用可参考 15-2 节。

3. Event callbacks

(1) bind(event,callback)：事件绑定，相关应用可参考 11-2 节。

(2) unbind(event)：解除绑定，相关应用可参考 11-3 节。

4. Alarm handlers

after(time,callback)：间隔指定时间后调用 callback( ) 方法，相关应用可参考 2-13 节。

第 2 章

标签 Label

本章摘要

2-1　标签 Label 的基本应用

Label( ) 方法可以用于在窗口内创建文字或图像标签，有关图像标签的内容将在 2-8 节、2-9 节与 2-12 节讨论，它的语法格式如下。

```
Label(父对象,options,…)
```

Label( ) 方法的第一个参数是父对象，表示这个标签将创建在哪一个父对象 (可想成父窗口或称容器) 内。下列是 Label( ) 方法内其他常用的 options 参数。

(1) anchor：如果空间大于所需时，控制标签的位置，默认是 CENTER(居中)，更多设定可参考 2-4 节。

(2) bg 或 background：背景色彩。

(3) bitmap：使用默认图标当作标签内容。

(4) borderwidth 或 bd：标签边界宽度，默认是 1。

(5) compound：可以设置标签内含图像和文字时，彼此的位置关系。

(6) cursor：当光标在标签上方时的外形。

(7) fg 或 froeground：前景色。

(8) font：可选择字形、字形样式与大小。

(9) height：标签高度，单位是字符。

(10) image：标签以图像方式呈现。

(11) justify：存在多行文本时最后一行的对齐方式，取值有 LEFT/CENTER/RIGHT(靠左 / 居中 / 靠右)，默认是居中对齐。

(12) padx/pady：标签文字与标签区间的间距，单位是 px。

(13) relief：默认是 relief=FLAT，可由此控制标签的外框。

(14) text：标签内容，如果有 "\n" 则可输入多行文字。

(15) textvariable：可以设置标签以变量方式显示。

(16) underline：可以设置第几个文字有下画线，从 0 开始算起，默认是 -1，表示无下画线。

(17) width：标签宽度，单位是字符。

(18) wraplength：文本到多少宽度后换行，单位是字符。

在设计程序时，也可以将上述参数设置称为属性设置。

程序实例 ch2_1.py：创建一个标签，内容是 "I like tkinter"，同时在 Python Shell 窗口中列出 Label 的数据类型。

```
1  # ch2_1.py
2  from tkinter import *
3
4  root = Tk()
5  root.title("ch2_1")
6  label=Label(root,text="I like tkinter")
7  label.pack()          # 包装与定位组件
8  print(type(label))    # 传回Label数据类型
9
10 root.mainloop()
```

执行结果　下方右图是鼠标拖曳增加窗口宽度的结果，可以看到完整的窗口标题。

上述左边窗口的大小是默认大小，很明显窗口高度会比没有控件时更小，因为 tkinter 只会安排足够的空间显示控件。上述第 7 行的 pack( ) 方法主要是包装窗口的 Widget 控件和定位窗口的对象，所以可以在执行结果的窗口内见到上述 Widget 控件。此例中 Widget 控件是标签，第 3 章将针对 pack 相关知识做完整说明。另外，在 Python Shell 窗口中可以看到 label 数据类型的结果是 tkinter.Label 数据类型。

```
==================== RESTART: D:\PythonGUI\ch2\ch2_1.py ====================
<class 'tkinter.Label'>
```

上述知识很重要，因为以后如果设计复杂的 GUI 程序，需要随时使用 Widget 控件的对象做更进一步的操作，此时需要使用此对象。

如果在网络上或是以后看到其他人设计的 GUI 程序，对于上述第 6 行和第 7 行，会经常看到可以组合成一行，可参考下列程序实例。

程序实例 ch2_2.py：使用 Label( ).pack( ) 方式重新设计程序实例 ch2_1.py。

```
1  # ch2_2.py
2  from tkinter import *
3
4  root = Tk()
5  root.title("ch2_2")
6  label=Label(root,text="I like tkinter").pack()
7  print(type(label))  # 传回Label数据类型
8
9  root.mainloop()
```

执行结果　GUI 窗口的结果与程序实例 ch2_1.py 相同。

但是这时 Python Shell 窗口中所传回的 label 数据类型如下。

```
==================== RESTART: D:\PythonGUI\ch2\ch2_2.py ====================
<class 'NoneType'>
```

很明显不是 tkinter.Label 类型。如果这时需要用此对象进一步操作 Widget 控件就会发生错误，这是读者需要特别留意的。

上述程序中第 6 行有 "label="，因为它的数据类型已经不对了，也可以省略此设置，可参考本书配套程序实例中的 ch2_2.py。

```
6  Label(root,text="I like tkinter").pack()
```

至于以后的程序设计，建议将对象声明与 pack 方法分开，或是如果不会使用此对象做更进一步操作时才使用这种声明与 pack 一起的方式，如此不容易出现错误。

2-2 Widget 的共同属性 Color

fg 或 foreground：可以设置前景色彩，在此相当于标签的颜色。bg 或 background 可以设置背景色彩。在 1-3 节中已经用实例说明过 bg 的用法，fg 的用法与 bg 的用法相同，下面将直接以实例说明。

程序实例 ch2_3.py：修改程序实例 ch2_2.py，设置文字前景色是蓝色，背景色是黄色。

```
1  # ch2_3.py
2  from tkinter import *
3
4  root = Tk()
5  root.title("ch2_3")
6  label=Label(root,text="I like tkinter",
7              fg="blue",bg="yellow")
8  label.pack()
9
10 root.mainloop()
```

执行结果

2-3 Widget 的共同属性 Dimensions

height 可以设置 Widget 控件 (此例是标签) 的高度，单位是字符高度。width 可以设置 Widget 控件 (此例是标签) 的宽度，单位是字符宽度。

程序实例 ch2_4.py：修改程序实例 ch2_3.py，设置标签宽度是 15，高度是 3，背景是黄色，前景是蓝色。

```
1  # ch2_4.py
2  from tkinter import *
3
4  root = Tk()
5  root.title("ch2_4")
6  label=Label(root,text="I like tkinter",
7              fg="blue",bg="yellow",
8              height=3,width=15)
9  label.pack()
10
11 root.mainloop()
```

执行结果

2-4 Widget 的共同属性 Anchor

Anchor 其实是指标签文字在标签区域输出位置的设置，在默认情况下，Widget 控件是上下与左右都居中对齐，可以参考程序实例 ch2_4.py 的执行结果。也可以使用 anchor 选项设定 Widget 控件的对齐，如右图所示。

程序实例 ch2_5.py：使用 anchor 选项重新设计程序实例 ch2_4.py，让字符串从标签区间左上角位置开始输出。

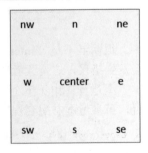

```
1   # ch2_5.py
2   from tkinter import *
3
4   root = Tk()
5   root.title("ch2_5")
6   label=Label(root,text="I like tkinter",
7                   fg="blue",bg="yellow",
8                   height=3,width=15,
9                   anchor="nw")
10  label.pack()
11
12  root.mainloop()
```

程序实例 ch2_6.py：重新设计程序实例 ch2_5.py，让字符串在标签右下方输出。

```
1   # ch2_6.py
2   from tkinter import *
3
4   root = Tk()
5   root.title("ch2_6")
6   label=Label(root,text="I like tkinter",
7                   fg="blue",bg="yellow",
8                   height=3,width=15,
9                   anchor="se")
10  label.pack()
11
12  root.mainloop()
```

 anchor 的参数设置也可以使用内建大写常数，例如，nw 使用 NW、n 使用 N、ne 使用 NE、w 使用 W、center 使用 CENTER、e 使用 E、sw 使用 SW、s 使用 S、se 使用 SE。当程序使用大写常数时，可以省略字符串的双引号。

程序实例 ch2_6_1.py：使用大写常数重新设计程序实例 ch2_6.py。

```
9   |           anchor=SE)
```

执行结果 与程序实例 ch2_6.py 相同。

2-5　Label 文字输出换行位置 wraplength

wraplength 这个参数可以设置标签中的文字在多少宽度后自动换行。

程序实例 ch2_7.py：重新设计程序实例 ch2_5.py，让标签中的文字达到 40 px 宽度后自动换行。

```
1   # ch2_7.py
2   from tkinter import *
3
4   root = Tk()
5   root.title("ch2_7")
6   label=Label(root,text="I like tkinter",
7                   fg="blue",bg="yellow",
8                   height=3,width=15,
9                   anchor="nw",
10                  wraplength = 40)
11  label.pack()
12
13  root.mainloop()
```

2-6 Widget 的共同属性 Font

font 参数用于设置文字字形，这个参数包含下列内容。

(1) 字形 family：如 Helvetica、Times 等，读者可以进入 Word 内参考所有系统字形。

(2) 字号 size：单位是 px。

(3) weight：例如 bold、normal。

(4) slant：例如 italic、roman，如果不是 italic 则是 roman。

(5) underline：例如 True、False。

(6) overstrike：例如 True、False。

程序实例 ch2_8.py：重新设计程序实例 ch2_4.py，使用 Helvetica 字形，大小是 20，粗体显示。

```
1  # ch2_8.py
2  from tkinter import *
3
4  root = Tk()
5  root.title("ch2_8")
6  label=Label(root,text="I like tkinter",
7              fg="blue",bg="yellow",
8              height=3,width=15,
9              font="Helvetica 20 bold")
10 label.pack()
11
12 root.mainloop()
```

执行结果

从上图可以看到标签区域相较程序实例 ch2_4.py 放大了，这是因为程序第 8 行 height 和 width 都是和字号联动的。另外，也可以用元组方式处理第 9 行的 font 参数。

程序实例 ch2_8_1.py：使用元组重新处理程序实例 ch2_8.py 第 9 行的 font 参数。

```
9              font=("Helvetica",20,"bold"))
```

执行结果 与程序实例 ch2_8.py 相同。

2-7 Label 的 justify 参数

在标签的输出中，如果是多行的输出，在最后一行输出时可以使用 justify 参数设置所输出的标签内容是 left/center/right(靠左 / 居中 / 靠右)，默认是居中输出。

程序实例 ch2_9.py：使用默认方式执行多行输出，并观察最后一行是居中对齐输出。

```
1  # ch2_9.py
2  from tkinter import *
3
4  root = Tk()
5  root.title("ch2_9")
6  label=Label(root,text="abcdefghijklmnopqrstuvwy",
7              fg="blue",bg="lightyellow",
8              wraplength=80)
9  label.pack()
10
11 root.mainloop()
```

执行结果 可参考下方左图。

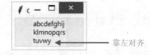

居中对齐 ⟶   靠左对齐

程序实例 ch2_10.py：执行多行输出，并设置最后一行是靠左对齐输出。

```
1   # ch2_10.py
2   from tkinter import *
3
4   root = Tk()
5   root.title("ch2_10")
6   label=Label(root,text="abcdefghijklmnopqrstuvwy",
7               fg="blue",bg="lightyellow",
8               wraplength=80,
9               justify="left")
10  label.pack()
11
12  root.mainloop()
```

执行结果 可参考上方右图。

程序实例 ch2_11.py：更改第 9 行设定，获得强制居中输出，可参考下方左图。

```
9               justify="center")
```

 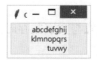

程序实例 ch2_12.py：更改第 9 行设置，获得靠右输出，可参考上方右图。

```
9               justify="right")
```

2-8　Widget 的共同属性 Bitmaps

tkinter 也提供了在标签位置放置内建位图的功能。下面是在各操作系统平台都可以使用的位图。

error　　　　hourglass　　　　info　　　　　questhead　　　　question
warning　　　gray12　　　　　gray25　　　　gray50　　　　　gray75

下列是上述位图由左到右、由上到下依顺序对应的图例。

程序实例 ch2_13.py：在标签位置显示 hourglass 位图。

```
1   # ch2_13.py
2   from tkinter import *
3
4   root = Tk()
5   root.title("ch2_13")
6   label=Label(root,bitmap="hourglass")
7   label.pack()
8
9   root.mainloop()
```

执行结果

2-9　Label 的 compound 参数

图像与文字共存时，可以使用此参数定义文字与图像的位置关系。compound 参数可以是下列值。

　　left：图像在左。

　　right：图像在右。

　　top：图像在上。

　　bottom：图像在下。

　　center：文字覆盖图像上方。

程序实例 ch2_14.py：图像与文字共存时，图像在左边。

```
1  # ch2_14.py
2  from tkinter import *
3
4  root = Tk()
5  root.title("ch2_14")
6  label=Label(root,bitmap="hourglass",
7              compound="left",text="我的天空")
8  label.pack()
9
10 root.mainloop()
```

执行结果

程序实例 ch2_15.py：图像与文字共存时，图像在上边。

```
1  # ch2_15.py
2  from tkinter import *
3
4  root = Tk()
5  root.title("ch2_15")
6  label=Label(root,bitmap="hourglass",
7              compound="top",text="我的天空")
8  label.pack()
9
10 root.mainloop()
```

执行结果

程序实例 ch2_16.py：图像与文字共存时，文字覆盖在图像上方。

```
1  # ch2_16.py
2  from tkinter import *
3
4  root = Tk()
5  root.title("ch2_16")
6  label=Label(root,bitmap="hourglass",
7              compound="center",text="我的天空")
8  label.pack()
9
10 root.mainloop()
```

执行结果

2-10　Widget 的共同属性 relief

relief 属性可以应用在许多 Widget 控件上，可以利用 relief 属性创建 Widget 控件的边框。

上述标签名称也就是 relief 属性值的效果。

程序实例 ch2_17.py：创建 **raised** 属性的标签。

```
1  # ch2_17.py
2  from tkinter import *
3
4  root = Tk()
5  root.title("ch2_17")
6
7  label=Label(root,text="raised",relief="raised")
8  label.pack()
9
10 root.mainloop()
```

执行结果

2-11　标签文字与标签区间的间距 padx/pady

在设计标签或其他 Widget 控件时，若不设置 Widget 的大小，系统将使用最适空间作为此 Widget 的大小。在 2-3 节介绍过创建 Widget 大小的方式，其实也可以通过设置标签文字与标签区间的间距，达到更改标签区间的目的。padx 可以设置标签文字左右边界与标签区间的 X 轴间距，pady 可以设置标签文字上下边界与标签区间的 Y 轴间距。

程序实例 ch2_18.py：重新设计程序实例 **ch2_17.py**，为了让读者更清楚地了解 padx/pady 的意义，这个程序将标签的背景设为浅黄色，然后将标签文字与标签区间的左右间距设为 5，标签文字与标签区间的上下间距设为 10。

```
1  # ch2_18.py
2  from tkinter import *
3
4  root = Tk()
5  root.title("ch2_18")
6
7  label=Label(root,text="raised",relief="raised",
8              bg="lightyellow",
9              padx=5,pady=10)
10 label.pack()
11
12 root.mainloop()
```

执行结果

上下间距 pady=10

左右间距 padx=5

2-12　图像 PhotoImage

图像可以应用在许多地方，例如，标签、功能按钮、单选按钮、文字区域等。在使用前可以用 PhotoImage( ) 方法创建图像对象，然后再将此对象应用在其他窗口组件上。它的语法如下。

```
imageobj = PhotoImage(file="xxx.gif")          # 扩展名为 gif，传回图像对象
```

需留意 PhotoImage( ) 方法早期只支持 gif 文件格式，不接受常用的 jpg 或 png 格式的图像，目前已经可以支持 png 格式了。为了使用方便，建议将 gif 图片放在程序所在文件夹中。

可以在 Label( ) 方法内使用 "image=imageobj" 参数设置此图像对象。

程序实例 ch2_19.py：窗口显示 **html.gif** 图片的基本应用。

```
1   # ch2_19.py
2   from tkinter import *
3
4   root = Tk()
5   root.title("ch2_19")
6
7   html_gif = PhotoImage(file="html.gif")
8   label=Label(root,image=html_gif)
9   label.pack()
10
11  root.mainloop()
```

执行结果

如果想要在标签内显示 jpg 文件，需要借助 PIL 模块的 Image 和 ImageTk 模块，请先导入 pillow 模块，语句如下。

```
pip install pillow
```

注意在程序设计中须导入的是 PIL 模块，主要原因是要与旧版 Python Image Library 兼容，语句如下。

```
from PIL import Image, ImageTk
```

程序实例 ch2_19_1.py：在标签内显示 yellowstone.jpg。

```
1   # ch2_19_1.py
2   from tkinter import *
3   from PIL import Image, ImageTk
4
5   root = Tk()
6   root.title("ch2_19_1")
7   root.geometry("680x400")
8
9   image = Image.open("yellowstone.jpg")
10  yellowstone = ImageTk.PhotoImage(image)
11  label = Label(root,image=yellowstone)
12  label.pack()
13
14  root.mainloop()
```

执行结果

可以参考 2-9 节使用 compound 参数使图像与文字标签共存。

程序实例 ch2_20.py：窗口内同时有文字标签和图像的应用。

```
1   # ch2_20.py
2   from tkinter import *
3
4   root = Tk()
5   root.title("ch2_20")
6   sseText = """SSE全名是Silicon Stone Education,这家公司在美国,
7   这是国际专业证照公司,产品多元与丰富。"""
8   sse_gif = PhotoImage(file="sse.gif")
9   label=Label(root,text=sseText,image=sse_gif,bg="lightyellow",
10           compound="left")
11  label.pack()
12
13  root.mainloop()
```

执行结果

　　由上图执行结果可以看到，文字标签第 2 行输出时，是默认的居中对齐。可以在 Label( ) 方法内增加 justify=LEFT 参数，让第 2 行数据靠左输出。

程序实例 ch2_21.py：重新设计程序实例 ch2_20.py，第 10 行增加 justify="left" 参数让文字标签的第 2 行数据靠左输出，另外，让图像显示在文字标签右边。

```
1   # ch2_21.py
2   from tkinter import *
3
4   root = Tk()
5   root.title("ch2_21")
6   sseText = """SSE全名是Silicon Stone Education,这家公司在美国,
7   这是国际专业证照公司,产品多元与丰富."""
8   sse_gif = PhotoImage(file="sse.gif")
9   label=Label(root,text=sseText,image=sse_gif,bg="lightyellow",
10              justify="left",compound="right")
11  label.pack()
12
13  root.mainloop()
```

执行结果

靠左输出

　　最后要提醒的是，bitmap 参数和 image 参数不能共存，如果发生了这种状况，bitmap 参数将不起作用。

程序实例 ch2_22.py：图像与文字共存，文字覆盖在图像上方。

```
1   # ch2_22.py
2   from tkinter import *
3
4   root = Tk()
5   root.title("ch2_22")
6   sseText = """SSE全名是Silicon Stone Education,这家公司在美国,
7   这是国际专业证照公司,产品多元与丰富."""
8   sse_gif = PhotoImage(file="sse.gif")
9   label=Label(root,text=sseText,image=sse_gif,bg="lightyellow",
10              compound="center")
11  label.pack()
12
13  root.mainloop()
```

执行结果

2-13　Widget 的共同方法 config( )

　　Widget 控件在创建时可以直接设置对象属性，若是部分属性未创建，未来在程序执行时如果想要创建或是更改属性可以使用 config( ) 方法。此方法内属性设置的参数用法与创建时相同。

程序实例 ch2_23.py：计数器的设计，这个程序会每秒更新一次计数器内容。

```
1   # ch2_23.py
2   from tkinter import *
3
4   counter = 0                               # 计数的全局变量
5   def run_counter(digit):                   # 数字变量内容的更新
6       def counting():                       # 更新数字方法
7           global counter                    # 定义全局变量
8           counter += 1
9           digit.config(text=str(counter))   # 列出数字内容
10          digit.after(1000,counting)        # 隔一秒后调用counting
11      counting()                            # 持续调用
12
13  root = Tk()
14  root.title("ch2_23")
15  digit=Label(root,bg="yellow",fg="blue",   # 黄底蓝字
16              height=3,width=10,            # 宽10高3
17              font="Helvetic 20 bold")      # 字形设置
18  digit.pack()
19  run_counter(digit)                        # 调用数字更新方法
20
21  root.mainloop()
```

执行结果

　　上述程序第 5 ～ 11 行是内嵌方法的设计。第 10 行的 after( ) 方法中，第一个参数 1000 表示隔 1s 会调用第二个参数注名的方法，此例中是 counting( ) 方法。

2-14　Widget 的共同属性 Cursor

　　Cursor 表示光标形状，程序设计时如果想要更改光标形状，例如，可以设计光标在标签 (Label) 或按钮 (Button) 上的形状，可以使用本功能。不过读者需留意，光标形状可能会因为操作系统不同而有所差异。下面是光标形状与名称的对应。

　　在一些 Widget 控件的参数中有 cursor，可以由此设置光标在此控件上的形状，如果省略，系统将沿用光标在父容器上的形状。

程序实例 ch2_24.py：当光标经过 raised 标签时，其形状将变为 "heart"。这个程序的重点是第 10 行。

```
1   # ch2_24.py
2   from tkinter import *
3
4   root = Tk()
5   root.title("ch2_24")
6
7   label=Label(root,text="raised",relief="raised",
8               bg="lightyellow",
9               padx=5,pady=10,
10              cursor="heart")        # 光标形状
11  label.pack()
```

执行结果

2-15　Widget 的共同方法 keys( )

2-1 节中介绍了 Label( ) 方法的语法：

```
Label(父对象,options, … )
```

同时说明了 options 的所有参数。其实 Widget 有一个共同方法 keys( ) 可以用列表 (list) 传回这个 Widget 所有的参数。

程序实例 ch2_25.py：传回标签 Label( ) 方法的所有参数。

```
1   # ch2_25.py
2   from tkinter import *
3
4   root = Tk()
5   root.title("ch2_25")
6   label=Label(root,text="I like tkinter")
7   label.pack()              # 包装与定位组件
8   print(label.keys())
9
10  root.mainloop()
```

执行结果

I like tkinter

此程序重点是在 Python Shell 窗口中可以列出所有 Label 的参数。

```
===================== RESTART: D:\PythonGUI\ch2\ch2_25.py =====================
['activebackground', 'activeforeground', 'anchor', 'background', 'bd', 'bg', 'bi
tmap', 'borderwidth', 'compound', 'cursor', 'disabledforeground', 'fg', 'font',
'foreground', 'height', 'highlightbackground', 'highlightcolor', 'highlightthick
ness', 'image', 'justify', 'padx', 'pady', 'relief', 'state', 'takefocus', 'text
', 'textvariable', 'underline', 'width', 'wraplength']
```

2-16　分隔线 Separator

在设计 GUI 程序时，有时适度地在适当位置增加分隔线可以让整体视觉效果更佳。tkinter.ttk 中有 Separator 模块，可以用此模块完成此工作，它的语法格式如下。

```
Separator(父对象,options )
```

Separator( ) 方法的第一个参数是父对象，表示这个分隔线将创建在哪一个父对象内；options 参数如果是 HORIZONTAL 则创建水平分隔线，如果是 VERTICAL 则创建垂直分隔线。

程序实例 ch2_26.py：在标签间创建分隔线。

```
1  # ch2_26.py
2  from tkinter import *
3  from tkinter.ttk import Separator
4
5  root = Tk()
6  root.title("ch2_26")
7
8  myTitle = "一个人的极境旅行"
9  myContent = """2016年12月,我一个人订了机票和船票,
10 开始我的南极旅行,飞机经杜拜再往阿根廷的乌斯怀雅,
11 在此我登上邮轮开始我的南极之旅"""
12
13 lab1 = Label(root,text=myTitle,
14              font="Helvetic 20 bold")
15 lab1.pack(padx=10,pady=10)
16
17 sep = Separator(root,orient=HORIZONTAL)
18 sep.pack(fill=X,padx=5)
19
20 lab2 = Label(root,text=myContent)
21 lab2.pack(padx=10,pady=10)
22
23 root.mainloop()
```

执行结果

上述程序第 18 行 pack(fill=X,padx=5) 表示此分隔线填满 X 轴，它与窗口边界左右均相距 5px。更多关于 pack( ) 的说明将在 3-2 节中介绍。

第 3 章

窗口控件配置管理员

第 2 章的讲解中提到一个窗口只含有一个 Widget 控件，但在一个实用的程序中一定是一个窗口含有多个 Widget 控件，这时就会牵涉应如何将这些 Widget 控件配置到容器或窗口内的问题，这也是本章的主题。由于目前所学的 Widget 控件只有标签 (Label)，所以本章将以此作为实例讲解，后面章节介绍过更多 Widget 控件后，将会有更多应用。

3-1 Widget Layout Manager

在设计 GUI 程序时，可以使用三种方法包装和定位各组件在容器或窗口内的位置，这三个方法又称为窗口控件配置管理员 (Widget Layout Manager)。

(1) pack( ) 方法：将在 3-2 节解说。

(2) grid( ) 方法：将在 3-3 节解说。

(3) place( ) 方法：将在 3-4 节解说。

3-2 pack( ) 方法

虽然称为 pack( ) 方法，其实在 tkinter 内这是一个类别。这是最常使用的控件配置管理方法，它是使用相对位置的概念处理 Widget 控件配置，至于控件的正确位置则是由 pack( ) 方法自动完成的。pack( ) 方法的语法格式如下。

```
pack(options, … )
```

options 参数可以是 side、fill、padx/pady、ipadx/ipady、anchor。下面将分别一一说明。

3-2-1 side 参数

side 参数可以垂直或水平配置控件，在进一步讲解前先看下列程序实例。

程序实例 ch3_1.py：一个窗口中含有三个标签，在前两章程序中创建 tk 对象时是用 root 作为对象名称，这个对象名称可以自行命名，本章中将故意使用 window 作为对象名称以便读者体会。

```
1   # ch3_1.py
2   from tkinter import *
3
4   window = Tk()
5   window.title("ch3_1")                      # 窗口标题
6   lab1 = Label(window,text="明志科技大学",
7                 bg="lightyellow")            # 标签背景是浅黄色
8   lab2 = Label(window,text="长庚大学",
9                 bg="lightgreen")             # 标签背景是浅绿色
10  lab3 = Label(window,text="长庚科技大学",
11                bg="lightblue")              # 标签背景是浅蓝色
12  lab1.pack()                                # 包装与定位组件
13  lab2.pack()                                # 包装与定位组件
14  lab3.pack()                                # 包装与定位组件
15
16  window.mainloop()
```

执行结果

由上图可以看到，当窗口中有多个组件时，使用 pack( ) 方法可以让组件由上往下排列显示，其实这也是系统的默认设置。使用 pack( ) 方法时，也可以增加 side 参数设置组件的排列方式，此参数的取值如下。

TOP：这是默认值，由上往下排列。

BOTTOM：由下往上排列。

LEFT：由左往右排列。

RIGHT：由右往左排列。

程序实例 ch3_2.py：**在 pack( ) 方法内增加"side=BOTTOM"重新设计程序实例 ch3_1.py，另外本实例将标签的宽度改为 15。**

```
1   # ch3_2.py
2   from tkinter import *
3
4   window = Tk()
5   window.title("ch3_2")                    # 窗口标题
6   lab1 = Label(window,text="明志科技大学",
7                 bg="lightyellow",           # 标签背景是浅黄色
8                 width=15)                   # 标签宽度是15
9   lab2 = Label(window,text="长庚大学",
10                bg="lightgreen",            # 标签背景是浅绿色
11                width=15)                   # 标签宽度是15
12  lab3 = Label(window,text="长庚科技大学",
13                bg="lightblue",             # 标签背景是浅蓝色
14                width=15)                   # 标签宽度是15
15  lab1.pack(side=BOTTOM)                    # 包装与定位组件
16  lab2.pack(side=BOTTOM)                    # 包装与定位组件
17  lab3.pack(side=BOTTOM)                    # 包装与定位组件
18
19  window.mainloop()
```

执行结果

程序实例 ch3_3.py：**在 pack( ) 方法内增加"side=LEFT"重新设计程序实例 ch3_2.py。**

```
1   # ch3_3.py
2   from tkinter import *
3
4   window = Tk()
5   window.title("ch3_3")                    # 窗口标题
6   lab1 = Label(window,text="明志科技大学",
7                 bg="lightyellow",           # 标签背景是浅黄色
8                 width=15)                   # 标签宽度是15
9   lab2 = Label(window,text="长庚大学",
10                bg="lightgreen",            # 标签背景是浅绿色
11                width=15)                   # 标签宽度是15
12  lab3 = Label(window,text="长庚科技大学",
13                bg="lightblue",             # 标签背景是浅蓝色
14                width=15)                   # 标签宽度是15
15  lab1.pack(side=LEFT)                      # 包装与定位组件
16  lab2.pack(side=LEFT)                      # 包装与定位组件
17  lab3.pack(side=LEFT)                      # 包装与定位组件
18
19  window.mainloop()
```

执行结果

程序实例 ch3_4.py：**重新设计程序实例 ch3_3.py，混合使用 side 参数。**

```
1   # ch3_4.py
2   from tkinter import *
3
4   window = Tk()
5   window.title("ch3_4")                    # 窗口标题
6   lab1 = Label(window,text="明志科技大学",
7                 bg="lightyellow",           # 标签背景是浅黄色
8                 width=15)                   # 标签宽度是15
9   lab2 = Label(window,text="长庚大学",
10                bg="lightgreen",            # 标签背景是浅绿色
```

```
11                    width=15)            # 标签宽度是15
12   lab3 = Label(window,text="长庚科技大学",
13                bg="lightblue",         # 标签背景是浅蓝色
14                width=15)               # 标签宽度是15
15   lab1.pack()                          # 包装与定位组件
16   lab2.pack(side=RIGHT)                # 靠右包装与定位组件
17   lab3.pack(side=LEFT)                 # 靠左包装与定位组件
18
19   window.mainloop()
```

在 2-10 节中介绍了 Widget 的常用属性 relief，这里将用已有的知识，将其所有属性列出来。

程序实例 ch3_5.py：列出 relief 的所有属性。

```
1    # ch3_5.py
2    from tkinter import *
3
4    Reliefs = ["flat","groove","raised","ridge","solid","sunken"]
5
6    root = Tk()
7    root.title("ch3_5")
8
9    for Relief in Reliefs:
10       Label(root,text=Relief,relief=Relief,
11             fg="blue",
12             font="Times 20 bold").pack(side=LEFT,padx=5)
13
14   root.mainloop()
```

执行结果

程序实例 ch3_5_1.py：列出所有 bitmaps 位图。

```
1    # ch3_5_1.py
2    from tkinter import *
3
4    bitMaps = ["error","hourglass","info","questhead","question",
5               "warning","gray12","gray25","gray50","gray75"]
6
7    root = Tk()
8    root.title("ch3_5_1")
9
10   for bitMap in bitMaps:
11       Label(root,bitmap=bitMap).pack(side=LEFT,padx=5)
12
13   root.mainloop()
```

执行结果

3-2-2 padx/pady 参数

另外，在使用 pack( ) 方法时，可以使用 padx/pady 参数设定控件边界与容器（可想成窗口边界）的距离或是控件边界间的距离。在默认环境下，窗口控件间的距离是

1px，如果希望有适度间距，可以设置参数 padx/pady，代表水平间距 / 垂直间距，可以分别在组件间增加间距。

程序实例 ch3_6.py：重新设计程序实例 ch3_5.py，在"长庚大学"标签上下增加 10px 间距。

```
1  # ch3_6.py
2  from tkinter import *
3
4  window = Tk()
5  window.title("ch3_6")                    # 窗口标题
6  lab1 = Label(window,text="明志科技大学",
7               bg="lightyellow")            # 标签背景是浅黄色
8  lab2 = Label(window,text="长庚大学",
9               bg="lightgreen")             # 标签背景是浅绿色
10 lab3 = Label(window,text="长庚科技大学",
11              bg="lightblue")              # 标签背景是浅蓝色
12 lab1.pack(fill=X)                         # 填满X轴包装与定位组件
13 lab2.pack(pady=10)                        # Y轴增加10px
14 lab3.pack(fill=X)                         # 填满X轴包装与定位组件
15
16 window.mainloop()
```

对上述程序而言，如果在"明志科技大学"标签 pack 内增加 pady=10，此时"明志科技大学"标签边界与上边容器边界间距是 10，但是它与"长庚大学"标签间的间距由于彼此影响所以将是 20。

程序实例 ch3_7.py：重新设计程序实例 ch3_6.py，在"明志科技大学"标签 pack( ) 方法内增加 pady=10。

```
1  # ch3_7.py
2  from tkinter import *
3
4  window = Tk()
5  window.title("ch3_7")                    # 窗口标题
6  lab1 = Label(window,text="明志科技大学",
7               bg="lightyellow")            # 标签背景是浅黄色
8  lab2 = Label(window,text="长庚大学",
9               bg="lightgreen")             # 标签背景是浅绿色
10 lab3 = Label(window,text="长庚科技大学",
11              bg="lightblue")              # 标签背景是浅蓝色
12 lab1.pack(fill=X,pady=10)                 # 填满X轴,Y轴增加10px
13 lab2.pack(pady=10)                        # Y轴增加10px
14 lab3.pack(fill=X)                         # 填满X轴包装与定位组件
15
16 window.mainloop()
```

程序实例 ch3_8.py：设计三个标签，标签宽度是 15 字符宽，标签的左右边界与容器边界是 50px。

```
1  # ch3_8.py
2  from tkinter import *
3
4  window = Tk()
5  window.title("ch3_8")                    # 窗口标题
6  lab1 = Label(window,text="明志科技大学",
7               bg="lightyellow",           # 标签背景是浅黄色
8               width=15)                   # 标签宽度是15
9  lab2 = Label(window,text="长庚大学",
10              bg="lightgreen",            # 标签背景是浅绿色
11              width=15)                   # 标签宽度是15
12 lab3 = Label(window,text="长庚科技大学",
13              bg="lightblue",             # 标签背景是浅蓝色
14              width=15)                   # 标签宽度是15
15 lab1.pack(padx=50)                        # 左右边界间距是50px
16 lab2.pack(padx=50)                        # 左右边界间距是50px
17 lab3.pack(padx=50)                        # 左右边界间距是50px
18
19 window.mainloop()
```

程序实例 ch3_9.py：重新设计程序实例 ch3_3.py，在长庚大学标签左右增加 10px 间距。

```
1  # ch3_9.py
2  from tkinter import *
3
4  window = Tk()
5  window.title("ch3_9")                    # 窗口标题
6  lab1 = Label(window,text="明志科技大学",
7                  bg="lightyellow",        # 标签背景是浅黄色
8                  width=15)                # 标签宽度是15
9  lab2 = Label(window,text="长庚大学",
10                 bg="lightgreen",         # 标签背景是浅绿色
11                 width=15)                # 标签宽度是15
12 lab3 = Label(window,text="长庚科技大学",
13                 bg="lightblue",          # 标签背景是浅蓝色
14                 width=15)                # 标签宽度是15
15 lab1.pack(side=LEFT)                     # 包装与定位组件
16 lab2.pack(side=LEFT,padx=10)            # 左右间距padx=10
17 lab3.pack(side=LEFT)                     # 包装与定位组件
18
19 window.mainloop()
```

执行结果

3-2-3 ipadx/ipady 参数

ipadx 参数可以控制标签文字与标签容器的 X 轴间距，ipady 参数可以控制标签文字与标签容器的 Y 轴间距。

程序实例 ch3_10.py：重新设计程序实例 ch3_1.py，让"长庚大学"标签的 X 轴间距是 10。

```
1  # ch3_10.py
2  from tkinter import *
3
4  window = Tk()
5  window.title("ch3_10")                   # 窗口标题
6  lab1 = Label(window,text="明志科技大学",
7                  bg="lightyellow")        # 标签背景是浅黄色
8  lab2 = Label(window,text="长庚大学",
9                  bg="lightgreen")         # 标签背景是浅绿色
10 lab3 = Label(window,text="长庚科技大学",
11                 bg="lightblue")          # 标签背景是浅蓝色
12 lab1.pack()                              # 包装与定位组件
13 lab2.pack(ipadx=10)                      # ipadx=10包装与定位组件
14 lab3.pack()                              # 包装与定位组件
15
16 window.mainloop()
```

执行结果

程序实例 ch3_11.py：重新设计程序实例 ch3_10.py，让"长庚科技大学"标签的 Y 轴间距是 10。

```
1  # ch3_11.py
2  from tkinter import *
3
4  window = Tk()
5  window.title("ch3_11")                   # 窗口标题
6  lab1 = Label(window,text="明志科技大学",
7                  bg="lightyellow")        # 标签背景是浅黄色
8  lab2 = Label(window,text="长庚大学",
9                  bg="lightgreen")         # 标签背景是浅绿色
10 lab3 = Label(window,text="长庚科技大学",
11                 bg="lightblue")          # 标签背景是浅蓝色
12 lab1.pack()                              # 包装与定位组件
13 lab2.pack(ipadx=10)                      # ipadx=10包装与定位组件
14 lab3.pack(ipady=10)                      # ipady=10包装与定位组件
15
16 window.mainloop()
```

执行结果

3-2-4　anchor 参数

这个参数可以设定 Widget 控件在窗口中的位置，它的概念与 2-4 节中类似，但是本节中是指控件内容在控件区域的位置设置 (实际的例子中是指标签文字在标签区域的位置)。

程序实例 ch3_12.py：在窗口右下方创建一个内容为"OK"的标签，其中，标签与窗口右边和下方的间距是 10px。

```
1  # ch3_12.py
2  from tkinter import *
3
4  root = Tk()
5  root.title("ch3_12")
6  root.geometry("300x180")          # 设定窗口宽300,高180
7  oklabel=Label(root,text="OK",     # 标签内容是OK
8                font="Times 20 bold",  # Times字形,20号,粗体
9                fg="white",bg="blue")  # 蓝底白字
10 oklabel.pack(anchor=S,side=RIGHT,  # 从右开始在s方向配置
11              padx=10,pady=10)       # X和Y轴间距都是10
12
13 root.mainloop()
```

程序实例 ch3_13.py：修改程序实例 ch3_12.py，增加设计一个红底白字的"NO"内容标签。

```
1  # ch3_13.py
2  from tkinter import *
3
4  root = Tk()
5  root.title("ch3_13")
6  root.geometry("300x180")          # 设定窗口宽300,高180
7  oklabel=Label(root,text="OK",     # 标签内容是OK
8                font="Times 20 bold",  # Times字形,20号,粗体
9                fg="white",bg="blue")  # 蓝底白字
10 oklabel.pack(anchor=S,side=RIGHT,  # 从右开始在s方向配置
11              padx=10,pady=10)       # X和Y轴间距都是10
12 nolabel=Label(root,text="NO",     # 标签内容是OK
13                font="Times 20 bold",  # Times字形,20号,粗体
14                fg="white",bg="red")   # 红底白字
15 nolabel.pack(anchor=S,side=RIGHT,  # 从右开始在s方向配置
16              pady=10)               # Y轴间距都是10
17
18 root.mainloop()
```

3-2-5　fill 参数

fill 参数的主要功能是告诉 pack( ) 方法管理程序，设置控件填满所分配容器区间的方式，如果是 fill=X，表示控件可以填满所分配空间的 X 轴不留白；如果是 fill=Y，表示控件可以填满所分配空间的 Y 轴不留白；如果是 fill=BOTH，表示控件可以填满所分配空间的 X 轴和 Y 轴。fill 默认值是 NONE，表示保持原大小。

程序实例 ch3_14.py：重新设计程序实例 ch3_1.py，但是第一个和第三个标签在 pack 方法内增加 fill=X 参数，此时可以看到第一个和第三个标签填满 X 轴空间。

```
1   # ch3_14.py
2   from tkinter import *
3
4   window = Tk()
5   window.title("ch3_14")                  # 窗口标题
6   lab1 = Label(window,text="明志科技大学",
7                bg="lightyellow")          # 标签背景是浅黄色
8   lab2 = Label(window,text="长庚大学",
9                bg="lightgreen")           # 标签背景是浅绿色
10  lab3 = Label(window,text="长庚科技大学",
11               bg="lightblue")            # 标签背景是浅蓝色
12  lab1.pack(fill=X)                       # 填满X轴包装与定位组件
13  lab2.pack()                            # 包装与定位组件
14  lab3.pack(fill=X)                       # 填满X轴包装与定位组件
15
16  window.mainloop()
```

如果所分配容器区间已经满了,则使用此 fill 参数将不会有任何作用。fill 参数在使用上仍有些复杂,如果要设计复杂的 Widget 控件布局,建议使用 3-3 节所介绍的 grid 方法。

程序实例 ch3_15.py:验证如果所分配容器区间已经满了,则使用此 fill 参数将不会有任何作用。重新设计程序实例 ch3_14.py,但是第 13 行设置长庚大学 fill=Y。

```
13  lab2.pack(fill=Y)                       # 填满Y轴包装与定位组件
```

执行结果 与程序实例 ch3_14.py 相同。

由于"长庚大学"标签所分配的 Y 轴空间就是标签高度,所以在设置 fill=Y 后,不会有任何变化。

程序实例 ch3_16.py:重新设计程序实例 ch3_14.py,将"明志科技大学"标签从左放置,"长庚大学"和"长庚科技大学"标签使用默认从上往下配置。

```
12  lab1.pack(side=LEFT)                    # 从左配置控件
13  lab2.pack()                            # 默认从上开始配置控件
14  lab3.pack()                            # 默认从上开始配置控件
```

上述"明志科技大学"标签就是使用 fill=Y 的场合。

程序实例 ch3_17.py:重新设计程序实例 ch3_16.py,"明志科技大学"标签从左放置同时使用 fill=Y,"长庚大学"标签使用 fill=X。

```
12  lab1.pack(side=LEFT,fill=Y)             # 从左配置控件fill=Y
13  lab2.pack(fill=X)                       # 默认从上开始配置控件fill=X
14  lab3.pack()                            # 默认从上开始配置控件
```

通过以上设置我们得到了一个完美的配置,但是如果拖曳增加窗口大小,会看到下列结果。

上述情况出现是因为没有为"长庚科技大学"标签的 X 轴执行填满操作。

程序实例 ch3_18.py：重新设计程序实例 ch3_17.py，扩展 "长庚科技大学"标签的 X 轴。

```
12  lab1.pack(side=LEFT,fill=Y)    # 从左配置控件fill=Y
13  lab2.pack(fill=X)              # 默认从上开始配置控件fill=X
14  lab3.pack(fill=X)              # 默认从上开始配置控件fill=X
```

如果这时拖曳增加窗口大小，可以看到下列结果。

我们成功地填满了"长庚科技大学"标签的 X 轴空间，但是这时也出现了一个问题，"长庚科技大学"标签并没有填满 Y 轴空间。其实这就是使用 fill=BOTH 的场合。

程序实例 ch3_19.py：重新设计程序实例 ch3_18.py，使用 fill=BOTH 应用在"长庚科技大学"标签上。

```
14  lab3.pack(fill=BOTH)          # 默认从上开始配置控件fill=BOTH
```

从上述我们发现 fill=BOTH 并没有发挥作用，在扩充窗口大小时并没有扩充 Y 轴的空间。原因是当 Widget 控件从左到右配置时，pack 配置管理员所配置的空间是 Y 轴的空间。当 Widget 控件从上到下配置时，pack 配置管理员所配置的空间是 X 轴的空间。以上述实例而言，当扩充窗口大小时，"长庚科技大学"标签在 Y 轴的空间称为额外空间，这时需要借助 3-2-6 节的 expand 参数设置。

3-2-6　expand 参数

expand 参数可设定 Widget 控件是否填满额外的父容器空间，默认是 False(或是 0)，表示不填满，如果是 True(或是 1) 表示填满。

程序实例 ch3_20.py：在"长庚科技大学"的标签中使用 expand=True 参数，并观察执行结果。

```
14  lab3.pack(fill=BOTH,expand=True)    # fill=BOTH,expand=True
```

执行结果

阅读至此，读者应该了解到 side、fill 与 expand 参数是互相影响的。

程序实例 ch3_21.py：从上到下配置标签，体会 expand 参数与 fill 参数的应用。

```
1  # ch3_21.py
2  from tkinter import *
3
4  root = Tk()
5  root.title("ch3_21")                  # 窗口标题
6  root.geometry("300x200")
7
8  Label(root,text='Mississippi',bg='red',fg='white',
9      font='Times 24 bold').pack(fill=X)
10 Label(root,text='Kentucky',bg='green',fg='white',
11     font='Arial 24 bold italic').pack(fill=BOTH,expand=True)
12 Label(root,text='Purdue',bg='blue',fg='white',
13     font='Times 24 bold').pack(fill=X)
14
15 root.mainloop()
```

执行结果

程序实例 ch3_22.py：从左到右配置标签，体会 expand 参数与 fill 参数的应用。

```
1  # ch3_22.py
2  from tkinter import *
3
4  root = Tk()
5  root.title("ch3_22")                  # 窗口标题
6
7  Label(root,text='Mississippi',bg='red',fg='white',
8      font='Times 20 bold').pack(side=LEFT,fill=Y)
9  Label(root,text='Kentucky',bg='green',fg='white',
10     font='Arial 20 bold italic').pack(side=LEFT,fill=BOTH,expand=True)
11 Label(root,text='Purdue',bg='blue',fg='white',
12     font='Times 20 bold').pack(side=LEFT,fill=Y)
13
14 root.mainloop()
```

3-2-7　pack 的方法

pack 其实在 Python tkinter 中是一个类别，它提供下列方法供用户使用。

方法名称	说明
slaves( )	传回所有 Widget 控件对象
info( )	传回 pack 选项的对应值
forget( )	隐藏 Widget 控件，可以用 pack(option,…) 复原显示
location(x,y)	传回此点是否在单元格，如果是传回坐标，如果不是传回 (-1,-1)
size( )	传回 Widget 控件大小
propagate(boolean)	参数是 True 表示父窗口大小由子控件决定，默认为 True

程序实例 ch3_23.py：重新设计程序实例 ch3_13.py，列出执行前后 Widget 控件中的内容。

```
1   # ch3_23.py
2   from tkinter import *
3
4   root = Tk()
5   root.title("ch3_23")
6   root.geometry("300x180")              # 设定窗口宽300高180
7   print("执行前",root.pack_slaves())
8   oklabel=Label(root,text="OK",          # 标签内容是OK
9               font="Times 20 bold",     # Times字形,20号,粗体
10              fg="white",bg="blue")     # 蓝底白字
11  oklabel.pack(anchor=S,side=RIGHT,      # 从右开始在s方向配置
12              padx=10,pady=10)          # X和Y轴间距都是10
13  nolabel=Label(root,text="NO",          # 标签内容是OK
14              font="Times 20 bold",     # Times字形,20号,粗体
15              fg="white",bg="red")      # 红底白字
16  nolabel.pack(anchor=S,side=RIGHT,      # 从右开始在s方向配置
17              pady=10)                  # Y轴间距都是10
18  print("执行后",root.pack_slaves())
19
20  root.mainloop()
```

　以下是 Python Shell 窗口的执行结果。

```
==================== RESTART: D:\PythonGUI\ch3\ch3_23.py ====================
执行前 []
执行后 [<tkinter.Label object .!label>, <tkinter.Label object .!label2>]
```

3-3 grid( ) 方法

这是一种以格状或者类似 Excel 电子表格方式包装和定位窗口组件的方法。grid ( ) 方法的语法格式如下。

```
grid(options, …)
```

options 参数可以是 row、column、padx/pady、rowspan、columnspan、sticky。下面将分别一一说明。

3-3-1 row 和 column 参数

row 和 column 参数的概念可参考下图。

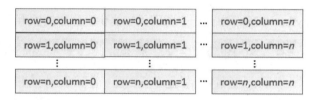

可以适度调整 grid( ) 方法内的 row 和 column 值，即可包装窗口组件的位置。

程序实例 ch3_24.py：使用 grid( ) 方法取代 pack( ) 方法重新设计程序实例 ch3_2.py。

```
1  # ch3_24.py
2  from tkinter import *
3
4  window = Tk()
5  window.title("ch3_24")                  # 窗口标题
6  lab1 = Label(window,text="明志科技大学",
7               bg="lightyellow",          # 标签背景是浅黄色
8               width=15)                  # 标签宽度是15
9  lab2 = Label(window,text="长庚大学",
10              bg="lightgreen",           # 标签背景是浅绿色
11              width=15)                  # 标签宽度是15
12 lab3 = Label(window,text="长庚科技大学",
13              bg="lightblue",            # 标签背景是浅蓝色
14              width=15)                  # 标签宽度是15
15 lab1.grid(row=0,column=0)               # 格状包装
16 lab2.grid(row=1,column=0)               # 格状包装
17 lab3.grid(row=1,column=1)               # 格状包装
18
19 window.mainloop()
```

执行结果

程序实例 ch3_25.py：重新设计程序实例 ch3_24.py，体会格状包装的另一个应用。

```
15 lab1.grid(row=0,column=0)               # 格状包装
16 lab2.grid(row=1,column=2)               # 格状包装
17 lab3.grid(row=2,column=1)               # 格状包装
```

执行结果

3-3-2　columnspan 参数

可以设定控件在 column 方向的合并数量，在正式讲解 columnspan 参数功能前，下面先介绍创建一个含 8 个标签的应用。

程序实例 ch3_26.py：使用 grid( ) 方法创建含 8 个标签的应用。

```
1   # ch3_26.py
2   from tkinter import *
3
4   window = Tk()
5   window.title("ch3_26")                      # 窗口标题
6   lab1 = Label(window,text="标签1",relief="raised")
7   lab2 = Label(window,text="标签2",relief="raised")
8   lab3 = Label(window,text="标签3",relief="raised")
9   lab4 = Label(window,text="标签4",relief="raised")
10  lab5 = Label(window,text="标签5",relief="raised")
11  lab6 = Label(window,text="标签6",relief="raised")
12  lab7 = Label(window,text="标签7",relief="raised")
13  lab8 = Label(window,text="标签8",relief="raised")
14  lab1.grid(row=0,column=0)
15  lab2.grid(row=0,column=1)
16  lab3.grid(row=0,column=2)
17  lab4.grid(row=0,column=3)
18  lab5.grid(row=1,column=0)
19  lab6.grid(row=1,column=1)
20  lab7.grid(row=1,column=2)
21  lab8.grid(row=1,column=3)
22
23  window.mainloop()
```

如果发生了标签 2 和标签 3 的区间是被一个标签占用的情况，此时就是使用 columnspan 参数的场合。

程序实例 ch3_27.py：重新设计程序实例 ch3_26.py，将标签 2 和标签 3 合并成一个标签。

```
1   # ch3_27.py
2   from tkinter import *
3
4   window = Tk()
5   window.title("ch3_27")                      # 窗口标题
6   lab1 = Label(window,text="标签1",relief="raised")
7   lab2 = Label(window,text="标签2",relief="raised")
8   lab4 = Label(window,text="标签4",relief="raised")
9   lab5 = Label(window,text="标签5",relief="raised")
10  lab6 = Label(window,text="标签6",relief="raised")
11  lab7 = Label(window,text="标签7",relief="raised")
12  lab8 = Label(window,text="标签8",relief="raised")
13  lab1.grid(row=0,column=0)
14  lab2.grid(row=0,column=1,columnspan=2)
15  lab4.grid(row=0,column=3)
16  lab5.grid(row=1,column=0)
17  lab6.grid(row=1,column=1)
18  lab7.grid(row=1,column=2)
19  lab8.grid(row=1,column=3)
20
21  window.mainloop()
```

3-3-3　rowspan 参数

可以设定控件在 row 方向的合并数量，程序实例 ch3_26.py 中，如果发生了标签 2 和标签 6 的区间被一个标签占用的情况，此时就是使用 rowspan 参数的场合。

程序实例 ch3_28.py：重新设计程序实例 ch3_26.py，将标签 2 和标签 6 合并成一个标签。

```
1  # ch3_28.py
2  from tkinter import *
3
4  window = Tk()
5  window.title("ch3_28")                      # 窗口标题
6  lab1 = Label(window,text="标签1",relief="raised")
7  lab2 = Label(window,text="标签2",relief="raised")
8  lab3 = Label(window,text="标签3",relief="raised")
9  lab4 = Label(window,text="标签4",relief="raised")
10 lab5 = Label(window,text="标签5",relief="raised")
11 lab7 = Label(window,text="标签7",relief="raised")
12 lab8 = Label(window,text="标签8",relief="raised")
13 lab1.grid(row=0,column=0)
14 lab2.grid(row=0,column=1,rowspan=2)
15 lab3.grid(row=0,column=2)
16 lab4.grid(row=0,column=3)
17 lab5.grid(row=1,column=0)
18 lab7.grid(row=1,column=2)
19 lab8.grid(row=1,column=3)
20
21 window.mainloop()
```

请再看一次程序实例 ch3_26.py，若是标签 2、标签 3、标签 6、标签 7 合并成一个标签，此时需要同时设定 rowspan 和 colspan，可参考下列实例。

程序实例 ch3_29.py：重新设计程序实例 ch3_26.py，将标签 2、标签 3、标签 6 和标签 7 合并成一个标签。

```
1  # ch3_29.py
2  from tkinter import *
3
4  window = Tk()
5  window.title("ch3_29")                      # 窗口标题
6  lab1 = Label(window,text="标签1",relief="raised")
7  lab2 = Label(window,text="标签2",relief="raised")
8  lab4 = Label(window,text="标签4",relief="raised")
9  lab5 = Label(window,text="标签5",relief="raised")
10 lab8 = Label(window,text="标签8",relief="raised")
11 lab1.grid(row=0,column=0)
12 lab2.grid(row=0,column=1,rowspan=2,columnspan=2)
13 lab4.grid(row=0,column=3)
14 lab5.grid(row=1,column=0)
15 lab8.grid(row=1,column=3)
16
17 window.mainloop()
```

3-3-4　padx 和 pady 参数

这两个参数的用法与 3-2-2 节中 pack( ) 方法的 padx/pady 参数相同，下面将直接以程序实例讲解。

程序实例 ch3_30.py：重新设计程序实例 ch3_26.py，增加标签间的间距。

```
1  # ch3_30.py
2  from tkinter import *
3
4  window = Tk()
5  window.title("ch3_30")                      # 窗口标题
6  lab1 = Label(window,text="标签1",relief="raised")
7  lab2 = Label(window,text="标签2",relief="raised")
8  lab3 = Label(window,text="标签3",relief="raised")
9  lab4 = Label(window,text="标签4",relief="raised")
10 lab5 = Label(window,text="标签5",relief="raised")
11 lab6 = Label(window,text="标签6",relief="raised")
12 lab7 = Label(window,text="标签7",relief="raised")
```

```
13  lab8 = Label(window,text="标签8",relief="raised")
14  lab1.grid(row=0,column=0,padx=5,pady=5)
15  lab2.grid(row=0,column=1,padx=5,pady=5)
16  lab3.grid(row=0,column=2,padx=5,pady=5)
17  lab4.grid(row=0,column=3,padx=5,pady=5)
18  lab5.grid(row=1,column=0,padx=5)
19  lab6.grid(row=1,column=1,padx=5)
20  lab7.grid(row=1,column=2,padx=5)
21  lab8.grid(row=1,column=3,padx=5)
22
23  window.mainloop()
```

执行结果

3-3-5　sticky 参数

这个参数的功能类似 anchor，但是只可以设定 N/S/W/E，即上 / 下 / 左 / 右对齐。原则上相同 column 的 Widget 控件，如果宽度不同时，grid( ) 方法会保留最宽的控件当作基准，这时比较短的控件会居中对齐，可参考下列实例。

程序实例 ch3_31.py：观察相同 column 中的 Widget 控件宽度不同时，控件内容会居中对齐。

```
1   # ch3_31.py
2   from tkinter import *
3
4   window = Tk()
5   window.title("ch3_31")                # 窗口标题
6   lab1 = Label(window,text="明志工专")
7   lab2 = Label(window,bg="yellow",width=20)
8   lab3 = Label(window,text="明志科技大学")
9   lab4 = Label(window,bg="aqua",width=20)
10  lab1.grid(row=0,column=0,padx=5,pady=5)
11  lab2.grid(row=0,column=1,padx=5,pady=5)
12  lab3.grid(row=1,column=0,padx=5)
13  lab4.grid(row=1,column=1,padx=5)
14
15  window.mainloop()
```

执行结果

从上图可以看到"明志工专"标签是居中对齐。

程序实例 ch3_32.py：重新设计程序实例 ch3_31.py，设置"明志工专"标签靠左对齐。

```
10  lab1.grid(row=0,column=0,padx=5,pady=5,sticky=W)
```

执行结果

sticky 参数的可能值 N/S/W/E 也可以组合使用。

sticky=N+S：可以拉长高度让控件在顶端和底端对齐。

sticky=W+E：可以拉长宽度让控件在左边和右边对齐。

sticky=N+S+E：可以拉长高度让控件在顶端和底端对齐，同时切齐右边。

sticky=N+S+W：可以拉长高度让控件在顶端和底端对齐，同时切齐左边。

sticky=N+S+W+E：可以拉长高度让控件在顶端和底端对齐，同时切齐左、右两边。

在讲解上述实例应用前，先修改程序实例 ch3_31.py 程序，并观察执行结果。

程序实例 ch3_33.py：重新设计程序实例 ch3_31.py，主要是使用 relief="raised" 参数增加标签 的外观。

```
6   lab1 = Label(window,text="明志工专",relief="raised")
7   lab2 = Label(window,bg="yellow",width=20)
8   lab3 = Label(window,text="明志科技大学",relief="raised")
```

执行结果

上述程序的目的主要是了解标签的宽度。

程序实例 ch3_34.py：使用 sticky=W+E 参数，重新设计程序实例 ch3_33.py，这个程序主要是要观察"明志工专"标签被拉长后的结果。

```
10  lab1.grid(row=0,column=0,padx=5,pady=5,sticky=W+E)
```

执行结果

3-3-6 grid( ) 方法的应用

程序实例 ch3_35.py：使用 grid( ) 方法创建色彩标签的应用。

```
1   # ch3_35.py
2   from tkinter import *
3
4   root = Tk()
5   root.title("ch3_35")                    # 窗口标题
6   Colors = ["red","orange","yellow","green","blue","purple"]
7
8   r = 0                                   # row编号
9   for color in Colors:
10      Label(root,text=color,relief="groove",width=20).grid(row=r,column=0)
11      Label(root,bg=color,relief="ridge",width=20).grid(row=r,column=1)
12      r += 1
13
14  root.mainloop()
```

执行结果

3-3-7 rowconfigure( ) 和 columnconfigure( ) 方法

在设计 Widget 控件的布局时，有时候会碰上窗口缩放大小，此时可以使用这两个方法设定第几个 row 或 column 的缩放比例。例如：

```
rowconfigure(0, weight=1)       # row 0 的控件当窗口改变大小时缩放比是 1
columnconfigure(0, weight=1)   # column 0 的控件当窗口改变大小时缩放比是 1
```

程序实例 ch3_35_1.py：认识 rowconfigure( )、columnfigure( ) 与 sticky 参数的用法，此处不使用 sticky 参数。

```
1  # ch3_35_1.py
2  from tkinter import *
3
4  root = Tk()
5  root.title("ch3_35_1")
6
7  root.rowconfigure(1, weight=1)
8  root.columnconfigure(0, weight=1)
9
10  lab1 = Label(root,text="Label 1",bg="pink")
11  lab1.grid(row=0,column=0,padx=5,pady=5)
12
13  lab2 = Label(root,text="Label 2",bg="lightblue")
14  lab2.grid(row=0,column=1,padx=5,pady=5)
15
16  lab3 = Label(root,bg="yellow")
17  lab3.grid(row=1,column=0,columnspan=2,padx=5,pady=5)
18
19  root.mainloop()
```

执行结果 下列右边是放大窗口的结果。

程序实例 ch3_35_1.py 中特别使用底色表达各个标签所占据的空间，读者可以看到在没有使用 sticky 参数的情况下，各个控件所占据的空间。

程序实例 ch3_35_2.py：增加设计 lab1 的 sticky=W，让其可以切齐左边。同时让下方的标签可以对齐上、下、左、右边。

```
1  # ch3_35_2.py
2  from tkinter import *
3
4  root = Tk()
5  root.title("ch3_35_2")
6
7  root.rowconfigure(1, weight=1)
8  root.columnconfigure(0, weight=1)
9
10  lab1 = Label(root,text="Label 1",bg="pink")
11  lab1.grid(row=0,column=0,padx=5,pady=5,stick=W)
12
```

```
13  lab2 = Label(root,text="Label 2",bg="lightblue")
14  lab2.grid(row=0,column=1,padx=5,pady=5)
15
16  lab3 = Label(root,bg="yellow")
17  lab3.grid(row=1,column=0,columnspan=2,padx=5,pady=5,
18            sticky=N+S+W+E)
19
20  root.mainloop()
```

执行结果

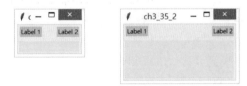

通过上述执行结果可以得知下方的标签控件可以随着窗口大小更改，主要是第 18 行设置 "sticky=N+S+W+E" 的结果。至于第 11 行设置 "sticky=W"，会让 lab1 控件向左对齐。

程序实例 ch3_35_3.py：修改程序实例 ch3_35_2.py 让 lab1 控件可以左右切齐，同时放大窗口时有扩展效果。

```
11  lab1.grid(row=0,column=0,padx=5,pady=5,stick=W+E)
```

执行结果

3-4 place( ) 方法

这是使用直接指定方式将 Widget 控件放在容器（可想成窗口）中的方法。这个方法的语法格式如下。

```
place(options, … )
```

options 参数可以是 height/width、relx/rely、x/y、relheight/relwidth、bordermode、anchor。下面将分别一一说明。

3-4-1 x/y 参数

place( ) 方法内的 x 和 y 参数可直接设定窗口组件的左上方位置，单位是 px。窗口显示区的左上角是 (x=0,y=0)，x 是向右递增，y 是向下递增。同时使用这种方法时，窗口将不会自动重设大小而是使用默认的大小显示，可参考程序实例 ch3_36.py 的执行结果。

程序实例 ch3_36.py：使用 **place( )** 方法直接设定标签的位置，重新设计程序实例 **ch3_2.py**。

```
1  # ch3_36.py
2  from tkinter import *
3
4  window = Tk()
5  window.title("ch3_36")                    # 窗口标题
6  lab1 = Label(window,text="明志科技大学",
7                 bg="lightyellow",          # 标签背景是浅黄色
8                 width=15)                   # 标签宽度是15
9  lab2 = Label(window,text="长庚大学",
10                bg="lightgreen",            # 标签背景是浅绿色
11                width=15)                   # 标签宽度是15
12 lab3 = Label(window,text="长庚科技大学",
13                bg="lightblue",             # 标签背景是浅蓝色
14                width=15)                   # 标签宽度是15
15 lab1.place(x=0,y=0)                        # 直接定位
16 lab2.place(x=30,y=50)                      # 直接定位
17 lab3.place(x=60,y=100)                     # 直接定位
18
19 window.mainloop()
```

执行结果

3-4-2　width/height 参数

有时候在设计窗口应用程序时，所预留的空间有限，如果想要将图片插入窗口内，却担心图片太大，可以在插入图片时同时设定图片的大小，此时可以使用 width/height 参数，这两个参数可以直接设定 Widget 控件的实体大小。

程序实例 ch3_37.py：在窗口内直接设置图片控件的位置与大小。

```
1  # ch3_37.py
2  from tkinter import *
3
4  root = Tk()
5  root.title("ch3_37")
6  root.geometry("640x480")
7
8  night = PhotoImage(file="night.png")        # 图片 night
9  lab1 = Label(root,image=night)
10 lab1.place(x=20,y=30,width=200,height=120)
11 snow = PhotoImage(file="snow.png")           # 图片 snow
12 lab2 = Label(root,image=snow)
13 lab2.place(x=200,y=200,width=400,height=240)
14
15 root.mainloop()
```

执行结果

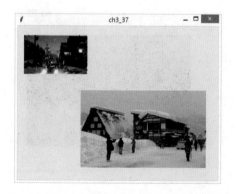

3-4-3　relx/rely 和 relwidth/relheight 参数

relx/rely 可以设置相对于父容器（可想成父窗口）的位置，relwidth/relheight 设置相对大小。这个相对位置与相对大小是相对于父窗口而言的，其值为 0.0 ～ 1.0。

程序实例 ch3_38.py：将图片 night.png 从相对位置 (0.1,0.1) 开始放置，相对大小是 (0.8,0.8)。

```
1  # ch3_38.py
2  from tkinter import *
3
4  root = Tk()
5  root.title("ch3_38")
6  root.geometry("640x480")
7
8  night = PhotoImage(file="night.png")
9  label=Label(root,image=night)
10 label.place(relx=0.1,rely=0.1,relwidth=0.8,relheight=0.8)
11
12 root.mainloop()
```

执行结果

在设计时，如果参数的某个相对大小未设定（可能是 relwidth 或 relheight），未设置的部分将以实际大小显示，此时可能需要放大窗口宽度才可以显示。

程序实例 ch3_39.py：重新设计程序实例 ch3_38.py，但是不设置 relwidth 参数。

```
10 label.place(relx=0.1,rely=0.1,relheight=0.8)
```

执行结果 右边部分图像没有显示。

3-5　Widget 控件位置的总结

　　使用 tkinter 模块设计 GUI 程序时，虽然可以使用 place( ) 方法很精确地设置控件的位置，不过建议尽量使用 pack( ) 和 grid( ) 方法定位组件，因为当窗口中组件较多时，使用 place( ) 计算组件位置较不方便，同时若有新增或减少组件时又须重新计算设置组件位置，这样会比较不方便。

第 4 章

功能按钮 Button

4-1　功能按钮的基本概念

功能按钮也可称为按钮，在窗口组件中可以设计在单击功能按钮时，执行某一个特定的动作，这个动作也称为 callback( ) 方法，也就是说，可以将功能按钮视为用户与程序间沟通的桥梁。功能按钮上面可以有文字，或是和标签一样可以有图像，如果是文字样式的功能按钮，可以设定此文字的字形。

它的语法格式如下。

```
Button( 父对象 , options, … )
```

Button( ) 方法的第一个参数是父对象，表示这个功能按钮将创建在哪一个窗口内。下列是 Button( ) 方法内其他常用的 options 参数。

(1) borderwidth 或 bd：边界宽度默认是 2px。

(2) bg 或 background：背景颜色。

(3) command：单击功能按钮时，执行此方法。

(4) cursor：当光标移至按钮上时的形状。

(5) fg 或 foreground：前景色彩。

(6) font：字形。

(7) height：高，单位是字符高。

(8) highlightbackground：当功能按钮取得焦点时的背景颜色。

(9) highlightcolor：当功能按钮取得焦点时的颜色。

(10) image：功能按钮上的图像。

(11) justify：当有多行文字时，最后一行文字的对齐方式。

(12) padx：默认是 1，可设置功能按钮与文字的间隔。

(13) pady：默认是 1，可设置功能按钮的上下间距。

(14) relief：默认是 relief=FLAT，可由此控制文字外框。

(15) state：默认是 state=NORMAL，若设置为 DISABLED 则以灰阶显示功能按钮，表示暂时无法使用。

(16) text：功能按钮名称。

(17) underline：可以设置第几个文字有下画线，从 0 开始算起，默认为 -1 时表示无下画线。

(18) width：宽，单位是字符宽。

(19) wraplength：限制每行的文字数，默认是 0，表示只有 "\n" 才会换行。

程序实例 ch4_1.py：当单击功能按钮时可以显示字符串"I love Python"，底色是浅黄色，字符串颜色是蓝色。

```
1  # ch4_1.py
2  from tkinter import *
3
4  def msgShow():
5      label["text"] = "I love Python"
6      label["bg"] = "lightyellow"
7      label["fg"] = "blue"
8
9  root = Tk()
10 root.title("ch4_1")                    # 窗口标题
11 label = Label(root)                    # 标签内容
12 btn = Button(root,text="打印消息",command=msgShow)
13 label.pack()
14 btn.pack()
15
16 root.mainloop()
```

执行结果

上述程序的运行方式是在程序执行时第 10 行创建了一个不含属性的标签对象 label，第 12 行创建一个功能按钮。单击"打印消息"按钮时，会启动 msgShow 函数，然后此函数会执行设置标签对象 label 的内容。前面学 Label 时，一次使用 Label() 方法设置所有的属性，以后读者可以参考第 5 ～ 8 行的方式，分别设置 Label 的属性内容。

在 2-13 节有学过 config() 方法，也可以使用该节中的方法一次设置所有的 Widget 控件属性。

程序实例 ch4_2.py：使用 config() 方法取代第 5 ～ 7 行，重新设计程序实例 ch4_1.py。

```
1  # ch4_2.py
2  from tkinter import *
3
4  def msgShow():
5      label.config(text="I love Python",bg="lightyellow",fg="blue")
6
7  root = Tk()
8  root.title("ch4_2")                    # 窗口标题
9  label = Label(root)                    # 标签内容
10 btn = Button(root,text="打印讯息",command=msgShow)
11 label.pack()
12 btn.pack()
13
14 root.mainloop()
```

执行结果 与程序实例 ch4_1.py 相同。

程序实例 ch4_3.py：扩充设计程序实例 ch4_2.py，若单击"结束"按钮，窗口可以关闭。

```
1  # ch4_3.py
2  from tkinter import *
3
4  def msgShow():
5      label.config(text="I love Python",bg="lightyellow",fg="blue")
6
7  root = Tk()
8  root.title("ch4_3")                    # 窗口标题
9  label = Label(root)                    # 标签内容
10 btn1 = Button(root,text="打印消息",width=15,command=msgShow)
11 btn2 = Button(root,text="结束",width=15,command=root.destroy)
12 label.pack()
13 btn1.pack(side=LEFT)
14 btn2.pack(side=LEFT)
15
16 root.mainloop()
```

执行结果

上述第 11 行的 root.destroy 可以关闭 root 窗口对象，同时程序结束。另一个常用的方法是 quit，可以让 Python Shell 内执行的程序结束，但是 root 窗口则继续执行，后面会做实例说明。

程序实例 ch4_4.py：重新设计程序实例 ch2_23.py 定时器程序，添加"结束"按钮，单击"结束"按钮则程序执行结束。

```
1   # ch4_4.py
2   from tkinter import *
3
4   counter = 0                                  # 计数的全局变量
5   def run_counter(digit):                      # 数字变量内容的变动
6       def counting():                          # 变动数字方法
7           global counter
8           counter += 1                         # 定义全局变量
9           digit.config(text=str(counter))      # 列出数字内容
10          digit.after(1000,counting)           # 隔一秒后调用counting
11      counting()                               # 持续调用
12
13  root = Tk()
14  root.title("ch4_4")
15  digit=Label(root,bg="yellow",fg="blue",      # 黄底蓝字
16              height=3,width=10,               # 宽10,高3
17              font="Helvetic 20 bold")         # 字形设置
18  digit.pack()
19  run_counter(digit)                           # 调用数字变动方法
20  Button(root,text="结束",width=15,command=root.destroy).pack(pady=10)
21
22  root.mainloop()
```

执行结果

程序实例 ch4_5.py：在窗口右下角有三个按钮，单击 Yellow 按钮可以将窗口背景设为黄色，单击 Blue 按钮可以将窗口背景设为蓝色，单击 Exit 按钮可以结束程序。

```
1   # ch4_5.py
2   from tkinter import *
3
4   def yellow():                        # 设置窗口背景为黄色
5       root.config(bg="yellow")
6   def blue():                          # 设置窗口背景为蓝色
7       root.config(bg="blue")
8
9   root = Tk()
10  root.title("ch4_5")
11  root.geometry("300x200")             # 固定窗口大小
12  # 依次创建3个按钮
13  exitbtn = Button(root,text="Exit",command=root.destroy)
14  bluebtn = Button(root,text="Blue",command=blue)
15  yellowbtn = Button(root,text="Yellow",command=yellow)
```

```
16  # 将3个按钮包装定位在右下方
17  exitbtn.pack(anchor=S,side=RIGHT,padx=5,pady=5)
18  bluebtn.pack(anchor=S,side=RIGHT,padx=5,pady=5)
19  yellowbtn.pack(anchor=S,side=RIGHT,padx=5,pady=5)
20
21  root.mainloop()
```

执行结果

4-2　使用 Lambda 表达式

在程序实例 ch4_5.py 设计过程中，Yellow 按钮和 Blue 按钮执行相同的工作，但是所传递的颜色参数不同，其实这是使用 Lambda 表达式的好时机，可以通过 Lambda 表达式调用相同的方法，但是传递不同参数的方式简化设计。

程序实例 ch4_5_1.py：使用 Lambda 表达式重新设计程序实例 ch4_5.py。

```
1  # ch4_5_1.py
2  from tkinter import *
3
4  def bColor(bgColor):              # 设置窗口背景颜色
5      root.config(bg=bgColor)
6
7  root = Tk()
8  root.title("ch4_5")
9  root.geometry("300x200")          # 固定窗口大小
10  # 依次创建3个按钮
11  exitbtn = Button(root,text="Exit",command=root.destroy)
12  bluebtn = Button(root,text="Blue",command=lambda:bColor("blue"))
13  yellowbtn = Button(root,text="Yellow",command=lambda:bColor("yellow"))
14  # 将3个按钮包装定位在右下方
15  exitbtn.pack(anchor=S,side=RIGHT,padx=5,pady=5)
16  bluebtn.pack(anchor=S,side=RIGHT,padx=5,pady=5)
17  yellowbtn.pack(anchor=S,side=RIGHT,padx=5,pady=5)
18
19  root.mainloop()
```

执行结果　与程序实例 ch4_5.py 相同。

其实这个概念可以应用在第 6 章中设计计算器，让工作变得非常简捷。

4-3　创建含图像的功能按钮

一般功能按钮是用文字当作按钮名称，如 4-2 节所示，也可以用图像当作按钮名称。若使用图像当作按钮，在 Button( ) 内可以省略 text 参数设置按钮名称，但是在 Button( ) 内要增加 image 参数设置图像对象。

程序实例 ch4_6.py：重新设计程序实例 ch4_2.py，使用 sun.gif 图像取代 "打印消息" 按钮。

```
1  # ch4_6.py
2  from tkinter import *
3
4  def msgShow():
5      label.config(text="I love Python",bg="lightyellow",fg="blue")
6
7  root = Tk()
8  root.title("ch4_6")                              # 窗口标题
9  label = Label(root)                              # 标签内容
10
11 sunGif = PhotoImage(file="sun.gif")              # Image图像
12 btn = Button(root,image=sunGif,command=msgShow)  # 含图像的按钮
13 label.pack()
14 btn.pack()
15
16 root.mainloop()
```

执行结果

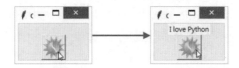

在设计功能按钮时，若想要让图像和文字并存在功能按钮内，需要在 Button( )
内增加参数 "compund=xx"。其中，xx 可以是 LEFT、TOP、RIGHT、BOTTOM、
CENTER，分别代表图形在文字的左、上、右、下、中央。

程序实例 ch4_7.py：重新设计程序实例 ch4_6.py，将 sun.gif 图像放在文字 Click Me
的上方。

```
12  btn = Button(root,image=sunGif,command=msgShow,      # 含文字与图像的按钮
13              text="Click Me",compound=TOP)
```

执行结果

程序实例 ch4_8.py：在功能按钮内将文字与图像重叠。

```
12  btn = Button(root,image=sunGif,command=msgShow,      # 含文字与图像的按钮
13              text="Click Me",compound=CENTER)
```

执行结果

程序实例 ch4_9.py：在功能按钮内将图像放在文字左边。

```
12  btn = Button(root,image=sunGif,command=msgShow,      # 含文字与图像的按钮
13              text="Click Me",compound=LEFT)
```

执行结果

4-4　简易计算器按钮布局的应用

程序实例 ch4_10.py：简易计算器按钮布局的应用，最上方黄色底是用标签显示，这一般也是数字显示区。

```
1   # ch4_10.py
2   from tkinter import *
3
4   root = Tk()
5   root.title("ch4_10")                              # 窗口标题
6   lab  = Label(root,text="",bg="yellow",width=20)
7   btn7 = Button(root,text="7",width=3)
8   btn8 = Button(root,text="8",width=3)
9   btn9 = Button(root,text="9",width=3)
10  btnM = Button(root,text="*",width=3)              # 乘法符号
11  btn4 = Button(root,text="4",width=3)
12  btn5 = Button(root,text="5",width=3)
13  btn6 = Button(root,text="6",width=3)
14  btnS = Button(root,text="-",width=3)              # 减法符号
15  btn1 = Button(root,text="1",width=3)
16  btn2 = Button(root,text="2",width=3)
17  btn3 = Button(root,text="3",width=3)
18  btnP = Button(root,text="+",width=3)              # 加法符号
19  btn0 = Button(root,text="0",width=8)
20  btnD = Button(root,text=".",width=3)              # 小数点符号
21  btnE = Button(root,text="=",width=3)              # 等号符号
22
23  lab.grid(row=0,column=0,columnspan=4)
24  btn7.grid(row=1,column=0,padx=5)
25  btn8.grid(row=1,column=1,padx=5)
26  btn9.grid(row=1,column=2,padx=5)
27  btnM.grid(row=1,column=3,padx=5)                  # 乘法符号
28  btn4.grid(row=2,column=0,padx=5)
29  btn5.grid(row=2,column=1,padx=5)
30  btn6.grid(row=2,column=2,padx=5)
31  btnS.grid(row=2,column=3,padx=5)                  # 减法符号
32  btn1.grid(row=3,column=0,padx=5)
33  btn2.grid(row=3,column=1,padx=5)
34  btn3.grid(row=3,column=2,padx=5)
35  btnP.grid(row=3,column=3,padx=5)                  # 加法符号
36  btn0.grid(row=4,column=0,padx=5,columnspan=2)
37  btnD.grid(row=4,column=2,padx=5)                  # 小数点符号
38  btnE.grid(row=4,column=3,padx=5)                  # 等号符号
39
40  root.mainloop()
```

执行结果

4-5　设计光标在功能按钮上的形状

在 2-14 节已经说明了光标在标签上的形状了，并且在 1-6 节有说过这是常用属性，所以也可以将此概念应用于功能按钮，它的用法与 2-14 节程序实例 ch2_24.py 相同，下面将直接以实例讲解。

程序实例 ch4_11.py：扩充设计程序实例 ch4_6.py，当光标在功能按钮上时形状是 star。

```
1  # ch4_11.py
2  from tkinter import *
3
4  def msgShow():
5      label.config(text="I love Python",bg="lightyellow",fg="blue")
6
7  root = Tk()
8  root.title("ch4_11")                         # 窗口标题
9  label = Label(root)                          # 标签内容
10
11 sunGif = PhotoImage(file="sun.gif")          # Image图像
12 btn = Button(root,image=sunGif,command=msgShow,  # 含图像的按钮
13              cursor="star")                  # star外形
14 label.pack()
15 btn.pack()
16
17 root.mainloop()
```

执行结果

第 5 章

文本框 Entry

本章摘要

5-1　文本框 Entry 的基本概念

　　文本框 Entry 通常是指单行的文本框，在 GUI 程序设计中这是用于输入的最基本的 Widget 控件，可以使用它输入单行字符串，如果所输入的字符串长度大于文本框的宽度，所输入的文字会自动隐藏造成部分内容无法显示。碰到这种状况时，可以使用箭头键移动光标到看不到的区域。需留意的是，文本框 Entry 限定是单行文字，如果想要处理多行文字，需使用 Widget 控件中的 Text，第 17 章将讲解 Text。它的使用格式如下。

```
Entry(父对象 , options, … )
```

　　Entry( ) 方法的第一个参数是父对象，表示这个文本框将创建在哪一个窗口内。下面是 Entry( ) 方法内其他常用的 options 参数。

　　(1) bg 或 background：背景颜色。

　　(2) borderwidth 或 bd：边界宽度默认是 2px。

　　(3) command：当用户更改内容时，会自动执行此函数。

　　(4) cursor：当光标在文本框上时的光标形状。

　　(5) exportselection：如果执行选取时，所选取的字符串会自动输出至剪贴板，如果想要避免，可以设置 exportselection=0。

　　(6) fg 或 foreground：前景色。

　　(7) font：字形。

　　(8) height：高，单位是字符高。

　　(9) highlightbackground：当文本框取得焦点时的背景颜色。

　　(10) highlightcolor：当文本框取得焦点时的颜色。

　　(11) justify：当含多行文字时，最后一行的对齐方式。

　　(12) relief：默认是 relief=FLAT，可由此控制文字外框。

　　(13) selectbackground：被选取字符串的背景色。

　　(14) selectborderwidth：选取字符串时的边界宽度，预设是 1。

　　(15) selectforeground：被选取字符串的前景色。

　　(16) show：显示输入字符，例如，show='*' 表示显示星号，常用于输入密码字段。

　　(17) state：输入状态，默认是 NORMAL 表示可以输入，DISABLE 则表示无法输入。

　　(18) textvariable：文字变量。

　　(19) width：宽，单位是字符宽。

　　(20) xcrollcommand：在 X 轴使用滚动条。

程序实例 ch5_1.py：在窗口内创建标签和文本框，输入姓名与地址。

```
1  # ch5_1.py
2  from tkinter import *
3
4  root = Tk()
5  root.title("ch5_1")                        # 窗口标题
6
7  nameL = Label(root,text="Name ")           # name标签
8  nameL.grid(row=0)
9  addressL = Label(root,text="Address")      # address标签
10 addressL.grid(row=1)
11
12 nameE = Entry(root)                         # 文本框name
13 addressE = Entry(root)                      # 文本框address
14 nameE.grid(row=0,column=1)                  # 定位文本框name
15 addressE.grid(row=1,column=1)              # 定位文本框address
16
17 root.mainloop()
```

执行结果

上述第 8 行设置 grid(row=0)，在没有设置"column=x"的情况下，系统将自动设置"column=0"，第 10 行的作用相同。

5-2　使用 show 参数隐藏输入的字符

其实 Entry 控件具有可以使用 show 参数设置隐藏输入字符的特性，所以也常被应用于密码的输入控制。

程序实例 ch5_2.py：将程序实例 ch5_1.py 改成输入账号和密码，当输入密码时所输入的字符将隐藏并用"*"字符显示。

```
1  # ch5_2.py
2  from tkinter import *
3
4  root = Tk()
5  root.title("ch5_2")                        # 窗口标题
6
7  accountL = Label(root,text="Account")      # account标签
8  accountL.grid(row=0)
9  pwdL = Label(root,text="Password")         # pwd标签
10 pwdL.grid(row=1)
11
12 accountE = Entry(root)                      # 文本框account
13 pwdE = Entry(root,show="*")                 # 文本框pwd
14 accountE.grid(row=0,column=1)              # 定位文本框account
15 pwdE.grid(row=1,column=1)                  # 定位文本框pwd
16
17 root.mainloop()
```

执行结果

程序实例 ch5_3.py：创建一个公司网页登录界面。

```
1  # ch5_3.py
2  from tkinter import *
3
4  root = Tk()
5  root.title("ch5_3")                        # 窗口标题
6
7  msg = "欢迎进入Silicon Stone Educaiton系统"
8  sseGif = PhotoImage(file="sse.gif")        # Logo图像文件
9  logo = Label(root,image=sseGif,text=msg,compound=BOTTOM)
10 accountL = Label(root,text="Account")      # account标签
11 accountL.grid(row=1)
12 pwdL = Label(root,text="Password")         # pwd标签
13 pwdL.grid(row=2)
14
15 logo.grid(row=0,column=0,columnspan=2,pady=10,padx=10)
16 accountE = Entry(root)                      # 文本框account
17 pwdE = Entry(root,show="*")                 # 文本框pwd
18 accountE.grid(row=1,column=1)               # 定位文本框account
19 pwdE.grid(row=2,column=1,pady=10)           # 定位文本框pwd
20
21 root.mainloop()
```

执行结果

5-3　Entry 的 get( ) 方法

　　Entry 有一个 get( ) 方法，可以利用这个方法获得目前 Entry 的字符串内容。Widget 控件有一个常用方法 Quit( )，执行此方法时 Python Shell 窗口的程序将结束，但是此窗口应用程序继续运行。

程序实例 ch5_4.py：扩充设计程序实例 ch5_3.py，增加 Login 和 Quit 功能按钮。如果单击 Login 功能按钮，在 Python Shell 中将列出所输入的 Account 和 Password；若是单击 Quit 按钮，则 Python Shell 窗口中的程序实例 ch5_4.py 执行结束，但是屏幕上仍可以看到此程序实例 ch5_4 窗口在执行。

```
1  # ch5_4.py
2  from tkinter import *
3  def printInfo():                           # 打印输入信息
4      print("Account: %s\nPassword: %s" % (accountE.get(),pwdE.get()))
5
6  root = Tk()
7  root.title("ch5_4")                        # 窗口标题
8
```

```
 9   msg = "欢迎进入Silicon Stone Educaiton系统"
10   sseGif = PhotoImage(file="sse.gif")        # Logo图像文件
11   logo = Label(root,image=sseGif,text=msg,compound=BOTTOM)
12   accountL = Label(root,text="Account")     # account标签
13   accountL.grid(row=1)
14   pwdL = Label(root,text="Password")         # pwd标签
15   pwdL.grid(row=2)
16
17   logo.grid(row=0,column=0,columnspan=2,pady=10,padx=10)
18   accountE = Entry(root)                     # 文本框account
19   pwdE = Entry(root,show="*")                # 文本框pwd
20   accountE.grid(row=1,column=1)              # 定位文本框account
21   pwdE.grid(row=2,column=1,pady=10)          # 定位文本框pwd
22   # 以下创建Login和Quit按钮
23   loginbtn = Button(root,text="Login",command=printInfo)
24   loginbtn.grid(row=3,column=0)
25   quitbtn = Button(root,text="Quit",command=root.quit)
26   quitbtn.grid(row=3,column=1)
27
28   root.mainloop()
```

执行结果

下列是先单击 Login 按钮，再单击 Quit 按钮，在 Python Shell 窗口中的执行结果。

```
==================== RESTART: D:\PythonGUI\ch5\ch5_4.py ====================
Account: deepmind
Password: deepmind
```

从上述执行结果可以看到，Login 按钮和 Quit 按钮并没有对齐上方的标签和文本框，可以在 grid( ) 方法内增加 sticky 参数，同时将此参数设为 W，即可靠左对齐字段。

程序实例 ch5_5.py：使用 sticky=W 参数和 pady=5 参数，重新设计程序实例 ch5_4.py。

```
 1   # ch5_5.py
 2   from tkinter import *
 3   def printInfo():                           # 打印输入信息
 4       print("Account: %s\nPassword: %s" % (accountE.get(),pwdE.get()))
 5
 6   root = Tk()
 7   root.title("ch5_5")                        # 窗口标题
 8
 9   msg = "欢迎进入Silicon Stone Educaiton系统"
10   sseGif = PhotoImage(file="sse.gif")        # Logo图像文件
11   logo = Label(root,image=sseGif,text=msg,compound=BOTTOM)
12   accountL = Label(root,text="Account")     # account标签
13   accountL.grid(row=1)
14   pwdL = Label(root,text="Password")         # pwd标签
15   pwdL.grid(row=2)
16
17   logo.grid(row=0,column=0,columnspan=2,pady=10,padx=10)
```

```
18   accountE = Entry(root)                          # 文本框account
19   pwdE = Entry(root,show="*")                      # 文本框pwd
20   accountE.grid(row=1,column=1)                    # 定位文本框account
21   pwdE.grid(row=2,column=1,pady=10)                # 定位文本框pwd
22   # 以下创建Login和Quit 按钮
23   loginbtn = Button(root,text="Login",command=printInfo)
24   loginbtn.grid(row=3,column=0,sticky=W,pady=5)
25   quitbtn = Button(root,text="Quit",command=root.quit)
26   quitbtn.grid(row=3,column=1,sticky=W,pady=5)
27
28   root.mainloop()
```

执行结果

5-4　Entry 的 insert( ) 方法

在设计 GUI 程序时，常常需要在创建 Entry 的文本框内默认创建输入文字，在 Widget 的 Entry 控件中可以使用 insert(index,s) 方法插入字符串，其中，s 是所插入的字符串，字符串会插入在 index 位置。设计程序时可以使用这个方法为文本框创建默认的文字，通常会将它放在 Entry( ) 方法创建完文本框后。

执行结果

程序实例 ch5_6.py：**扩充程序实例 ch5_5.py**，为程序的 Account 文本框创建默认文字为 "Kevin"，为 Password 文本框创建默认文字为 "pwd"。相较于程序实例 ch5_5.py，这个程序增加了第 20 和 21 行。

```
18   accountE = Entry(root)                # 文本框account
19   pwdE = Entry(root,show="*")           # 文本框pwd
20   accountE.insert(0,"Kevin")            # 预设Account内容
21   pwdE.insert(0,"pwd")                  # 预设password内容
```

5-5　Entry 的 delete( ) 方法

在 tkinter 模块的应用中可以使用 delete(first,last=None) 方法删除 Entry 内从第 first 字符到第 last-1 字符间的字符串，如果要删除整个字符串可以使用 delete(0,END)。

程序实例 ch5_7.py：扩充程序实例 ch5_6.py，当单击 Login 按钮后，清空文本框 Entry 中的内容。

```python
1  # ch5_7.py
2  from tkinter import *
3  def printInfo():                              # 打印输入信息
4      print("Account: %s\nPassword: %s" % (accountE.get(),pwdE.get()))
5      accountE.delete(0,END)                    # 删除account文本框的账号内容
6      pwdE.delete(0,END)                        # 删除pwd文本框的密码内容
7
8  root = Tk()
9  root.title("ch5_7")                           # 窗口标题
10
11 msg = "欢迎进入Silicon Stone Educaiton系统"
12 sseGif = PhotoImage(file="sse.gif")           # Logo图像文件
13 logo = Label(root,image=sseGif,text=msg,compound=BOTTOM)
14 accountL = Label(root,text="Account")         # account标签
15 accountL.grid(row=1)
16 pwdL = Label(root,text="Password")            # pwd标签
17 pwdL.grid(row=2)
18
19 logo.grid(row=0,column=0,columnspan=2,pady=10,padx=10)
20 accountE = Entry(root)                        # 文本框account
21 pwdE = Entry(root,show="*")                   # 文本框pwd
22 accountE.insert(1,"Kevin")                    # 预设Account内容
23 pwdE.insert(1,"pwd")                          # 预设password内容
24 accountE.grid(row=1,column=1)                 # 定位文本框account
25 pwdE.grid(row=2,column=1,pady=10)             # 定位文本框pwd
26 # 以下创建Login和Quit按钮
27 loginbtn = Button(root,text="Login",command=printInfo)
28 loginbtn.grid(row=3,column=0,sticky=W,pady=5)
29 quitbtn = Button(root,text="Quit",command=root.quit)
30 quitbtn.grid(row=3,column=1,sticky=W,pady=5)
31
32 root.mainloop()
```

执行结果

5-6　使用 eval( ) 函数计算数学表达式

Python 内有一个非常好用的计算数学表达式的函数 eval( )，该函数可以直接传回此数学表达式的计算结果。它的语法格式如下。

```
result = eval(expression)          # expression 是字符串
```

上述计算结果也是用字符串传回。

程序实例 ch5_8.py：输入数学表达式，本程序会传回执行结果。

```
1  # ch5_8.py
2  from tkinter import *
3
4  expression = input("请输入数学表达式 :")
5  print("结果是 : ", eval(expression))
```

执行结果

```
================== RESTART: D:\PythonGUI\ch5\ch5_8.py ==================
请输入数学表达式 :9*10+8
结果是 :  98
```

了解了 eval( ) 函数的用法后，可以将上述程序改为 GUI 设计。

程序实例 ch5_9.py：在 **Entry** 内输入数学表达式，本程序会列出结果。

```
1  # ch5_9.py
2  from tkinter import *
3  def cal():                              # 执行数学式计算
4      out.configure(text = "结果 : " + str(eval(equ.get())))
5
6  root = Tk()
7  root.title("ch5_9")
8  label = Label(root, text="请输入数学表达式:")
9  label.pack()
10 equ = Entry(root)                       # 在此输入表达式
11 equ.pack(pady=5)
12 out = Label(root)                       # 存放计算结果
13 out.pack()
14 btn = Button(root,text="计算",command=cal)    # "计算" 按钮
15 btn.pack(pady=5)
16
17 root.mainloop()
```

执行结果

第 6 章

变量类别

6-1 变量类别的基本概念

有些 Widget 控件在执行时会更改内容，例如，文本框 (Entry)、单选按钮 (Radio button) 等。有些控件我们可以更改它们的内容，例如，标签 (Label) 等。如果想要更改它们的内容，可以使用这些控件的参数，例如，textvariable、variable、onvalue 等。

不过要将 Widget 控件的参数以变量方式处理时，需要借助 tkinter 模块内的变量类别 (Variable Classes)，这个类别有 4 个子类别，每一个类别其实是一个数据类型的构造方法，可以通过这 4 个子类别的数据类型将它们与 Widget 控件的相关参数结合。

```
x = IntVar( )          #整型变量，默认是0
x = DoubleVar( )       #浮点型变量，默认是0.0
x = StringVar( )       #字符串变量，默认是""
x = BooleanVar( )      #布尔型变量，True 是 1，False 是 0
```

6-2 get( ) 和 set( ) 方法

可以使用 get( ) 方法取得变量内容，使用 set( ) 方法设置变量内容。

程序实例 ch6_1.py：set( ) 方法的应用。

这个程序在执行时若单击 Hit 按钮可以显示 "I like tkinter" 字符串，如果已经显示此字符串则改成不显示此字符串。这个程序第 17 行是将标签内容设为变量 x，第 8 行是设置显示标签时的标签内容，第 11 行则是将标签内容设为空字符串以不显示标签内容。

```
1   # ch6_1.py
2   from tkinter import *
3
4   def btn_hit():                          # 处理按钮事件
5       global msg_on                       # 这是全局变量
6       if msg_on == False:
7           msg_on = True
8           x.set("I like tkinter")         # 显示文字
9       else:
10          msg_on = False
11          x.set("")                       # 不显示文字
12
13  root = Tk()
14  root.title("ch6_1")                     # 窗口标题
15
16  msg_on = False                          # 全局变量默认是False
17  x = StringVar()                         # Label的变量内容
18
19  label = Label(root,textvariable=x,      # 设置Label内容是变量x
20                fg="blue",bg="lightyellow",    # 浅黄色底蓝色字
21                font="Verdana 16 bold",        # 字形设置
22                width=25,height=2)             # 标签内容
23  label.pack()
24  btn = Button(root,text="Click Me",command=btn_hit)
25  btn.pack()
26
27  root.mainloop()
```

执行结果

　　在上述实例中利用布尔值 msg_on 变量判断是否要显示"I like tkinter"字符串，如果 msg_on 是 False，表示目前没有显示"I like tkinter"字符串，如果 msg_on 是 True，表示目前有显示"I like tkinter"字符串。当单击 Click Me 按钮时，会更改 msg_on 状态，可参考第 7 行和第 10 行。同时也由 set( ) 方法更改 label 对象的参数 textvariable 的内容，第 8 行设置显示"I like tkinter"字符串，第 11 行设置不显示"I like tkinter"字符串。

　　上述程序尽管可以运行，可是并没有使用本节中另一个方法 get( )，这个方法可以取得 Widget 控件某参数的变量内容，我们将使用下列程序进行改良。

程序实例 ch6_2.py：**重新设计程序实例 ch6_1.py，取消布尔值 msg_on 变量，可以直接由 get( ) 方法获得目前 Widget 控件参数内容，然后由此内容判断是否显示"I like tkinter"字符串。判断方式是如果目前是空字符串则显示"I like tkinter"，如果目前不是空字符串，则改成显示空字符串。**

```
1   # ch6_2.py
2   from tkinter import *
3
4   def btn_hit():                              # 处理按钮事件
5       if x.get() == "":                       # 如果目前是空子符串
6           x.set("I like tkinter")             # 显示文字
7       else:
8           x.set("")                           # 不显示文字
9
10  root = Tk()
11  root.title("ch6_2")                         # 窗口标题
12
13  x = StringVar()                             # Label的变量内容
14
15  label = Label(root,textvariable=x,          # 设置Label内容是变量x
16                fg="blue",bg="lightyellow",   # 浅黄色底蓝色字
17                font="Verdana 16 bold",       # 字形设置
18                width=25,height=2)            # 标签内容
19  label.pack()
20  btn = Button(root,text="Click Me",command=btn_hit)
21  btn.pack()
22
23  root.mainloop()
```

执行结果 与程序实例 ch6_1.py 相同。

6-3 追踪 trace( ) 使用模式 w

　　了解 6-2 节的变量设置后，可以利用变量设置追踪 Widget 控件，当其内容更改时，让程序执行 callback( ) 函数。

程序实例 ch6_3.py：设计当 Widget 控件 Entry 内容改变时在 Python Shell 窗口中输出"Entry content changed!"。

```
1  # ch6_3.py
2  from tkinter import *
3
4  def callback(*args):
5      print("data changed : ",xE.get())    # Python Shell窗口输出
6
7  root = Tk()
8  root.title("ch6_3")                       # 窗口标题
9
10 xE = StringVar()                          # Entry的变量内容
11 entry = Entry(root,textvariable=xE)       # 设置Label内容是变量x
12 entry.pack(pady=5,padx=10)
13 xE.trace("w",callback)                    # 若有更改则执行callback
14
15 root.mainloop()
```

执行结果

当看到上述窗口输出时，同时可以在 Python Shell 窗口中看到下列输出。

```
==================== RESTART: D:\PythonGUI\ch6\ch6_3.py ====================
data changed :  t
data changed :  tk
data changed :  tki
data changed :  tkin
data changed :  tkint
data changed :  tkinte
data changed :  tkinter
```

上述程序的重点是第 13 行，内容如下。

```
xE.trace("w",callback)          # w 是 write 的缩写
```

上述第一个参数是模式，w 代表当有执行写入时，就自动去执行 callback 函数。也可以自行取函数名称，这个动作称为变动追踪。可以通过 xE 变量类别追踪 Widget 控件内容的改变时执行特定动作，本实例是在 Python Shell 窗口中输出 Entry 的内容。上述程序的另一个重点是第 4 行，内容如下。

```
def callback(*args):
```

6-5 节将说明上述 "*args" 参数的含义。

程序实例 ch6_4.py：扩充上述实例，同时在 Entry 控件下方创建 Label 控件，当在 Entry 中有输入时，同时在下方的 Label 控件中显示。

```
1  # ch6_4.py
2  from tkinter import *
3
4  def callback(*args):
5      xL.set(xE.get())                      # 更改标签内容
6      print("data changed : ",xE.get())     # Python Shell窗口输出
7
8  root = Tk()
9  root.title("ch6_4")                       # 窗口标题
10
11 xE = StringVar()                          # Entry的变量内容
12 entry = Entry(root,textvariable=xE)       # 设置Label内容是变量x
13 entry.pack(pady=5,padx=10)
```

```
14  xE.trace("w",callback)                    # 若有更改则执行callback
15
16  xL = StringVar()                          # Label的变量内容
17  label = Label(root,textvariable=xL)
18  xL.set("同步显示")
19  label.pack(pady=5,padx=10)
20
21  root.mainloop()
```

执行结果

当看到上述窗口输出时，同时可以在 Python Shell 窗口中看到下列输出。

```
==================== RESTART: D:\PythonGUI\ch6\ch6_4.py ====================
data changed :  t
data changed :  tk
data changed :  tki
data changed :  tkin
data changed :  tkint
data changed :  tkinte
data changed :  tkinter
```

6-4 追踪 trace( ) 使用模式 r

6-3 节介绍了当 Widget 控件内容更改时，执行追踪并执行特定函数，其实也可以设计当控件内容被读取时，执行追踪并执行特定函数。

程序实例 ch6_5.py：扩充与修改程序实例 ch6_4.py，增加一个"读取"按钮，当在 Entry 中输入数据时 Python Shell 窗口不显示数据，但是下方的 Label 将同步显示。主要功能是如果单击了"读取"按钮，系统将发出数据被读取的警告，同时输出所读取的数据。

```
1   # ch6_5.py
2   from tkinter import *
3
4   def callbackW(*args):                     # 内容被更改时执行
5       xL.set(xE.get())                      # 更改标签内容
6
7   def callbackR(*args):                     # 内容被读取时执行
8       print("Warning:数据被读取!")
9
10  def hit():                                # 读取数据
11      print("读取数据:",xE.get())
12
13  root = Tk()
14  root.title("ch6_5")                       # 窗口标题
15
16  xE = StringVar()                          # Entry的变量内容
17
18  entry = Entry(root,textvariable=xE)       # 设置Label内容是变量x
19  entry.pack(pady=5,padx=10)
20  xE.trace("w",callbackW)                   # 若有更改则执行callbackW
21  xE.trace("r",callbackR)                   # 若有被读取则执行callbackR
22
23  xL = StringVar()                          # Label的变量内容
24  label = Label(root,textvariable=xL)
25  xL.set("同步显示")
```

```
26  label.pack(pady=5,padx=10)
27
28  btn = Button(root,text="读取",command=hit)        #创建"读取"按钮
29  btn.pack(pady=5)
30
31  root.mainloop()
```

执行结果

若单击"读取"按钮可以在 Python Shell 窗口中看到下列执行结果。

```
==================== RESTART: D:\PythonGUI\ch6\ch6_5.py ====================
Warning:数据被读取!
读取数据: tkinter
```

上述程序的重点是第 21 行，内容如下。

```
xE.trace("r",callbackR)              # r 是 read 的缩写
```

上述第一个参数是模式，r 代表当执行读取时，就自动去执行 callbackR 函数。也可以自行取函数名称，这个动作称为读取追踪。可以通过 xE 变量类别追踪 Widget 控件内容被读取时执行的特定动作，本实例是在 Python Shell 窗口输出 "Warning: 数据被读取 !" 和 Entry 中的内容。

6-5　trace( ) 方法调用的 callback( ) 参数

参考程序实例 ch6_5.py 第 4 行内容：

```
def callbackW(*args):
```

其实是传递三个参数，分别是 tk 变量名称、index 索引、mode 模式。不过目前有关 tk 变量名称和 index 索引部分尚未完成实际支持，至于第三个参数则是可以列出是 r 或 w 模式。由于我们所设计的程序并不需要传递参数，所以可以直接用 "*args" 作为参数内容。

程序实例 ch6_6.py：列出 trace( ) 方法所调用 callback( ) 方法内的参数。

```
1  # ch6_6.py
2  from tkinter import *
3
4  def callbackW(name,index,mode):         # 内容被更改时执行
5      xL.set(xE.get())                    # 更改标签内容
6      print("name = %r, index = %r, mode = %r" % (name,index,mode))
7
8  root = Tk()
9  root.title("ch6_5")                     # 窗口标题
10
11 xE = StringVar()                        # Entry的变量内容
12
13 entry = Entry(root,textvariable=xE)     # 设置Label内容是变量x
14 entry.pack(pady=5,padx=10)
15 xE.trace("w",callbackW)                 # 若有更改则执行callbackW
```

```
16
17   xL = StringVar()                              # Label的变量内容
18   label = Label(root,textvariable=xL)
19   xL.set("同步显示")
20   label.pack(pady=5,padx=10)
21
22   root.mainloop()
```

执行结果

在 Python Shell 窗口可以看到下列执行结果。

```
==================== RESTART: D:\PythonGUI\ch6\ch6_6.py ====================
name = 'PY_VAR0', index = '', mode = 'w'
name = 'PY_VAR0', index = '', mode = 'w'
```

6-6 计算器的设计

在 4-3 节有介绍过简易计算器按钮布局的设计，在 5-9 节有介绍过 eval( ) 方法的用法，本章已经学会了使用变量类别控制标签的输出，其实有这些概念就可以设计简单的计算器了。下面将介绍完整的计算器设计。

程序实例 ch6_7.py：设计简易的计算器。这个程序在按钮设计时大量使用 Lambda，主要是因为数字按钮与算术表达式按钮使用相同的函数，只是传递的参数不一样，所以用 Lambda 可以简化设计。

```
1   # ch6_7.py
2   from tkinter import *
3   def calculate():                    # 执行计算并显示结果
4       result = eval(equ.get())
5       equ.set(equ.get() + "=\n" + str(result))
6
7   def show(buttonString):             # 更新显示区的计算公式
8       content = equ.get()
9       if content == "0":
10          content = ""
11      equ.set(content + buttonString)
12
13  def backspace():                    # 删除前一个字符
14      equ.set(str(equ.get()[:-1]))
15
16  def clear():                        # 清除显示区,放置0
17      equ.set("0")
18
19  root = Tk()
20  root.title("计算器")
21
22  equ = StringVar()
23  equ.set("0")                        # 默认是显示0
24
25  # 设计显示区
26  label = Label(root,width=25,height=2,relief="raised",anchor=SE,
27              textvariable=equ)
28  label.grid(row=0,column=0,columnspan=4,padx=5,pady=5)
29
30  # 清除显示区按钮
```

```
31  clearButton = Button(root,text="C",fg="blue",width=5,command=clear)
32  clearButton.grid(row = 1, column = 0)
33  # 以下是row1的其他按钮
34  Button(root,text="DEL",width=5,command=backspace).grid(row=1,column=1)
35  Button(root,text="%",width=5,command=lambda:show("%")).grid(row=1,column=2)
36  Button(root,text="/",width=5,command=lambda:show("/")).grid(row=1,column=3)
37  # 以下是row2的其他按钮
38  Button(root,text="7",width=5,command=lambda:show("7")).grid(row=2,column=0)
39  Button(root,text="8",width=5,command=lambda:show("8")).grid(row=2,column=1)
40  Button(root,text="9",width=5,command=lambda:show("9")).grid(row=2,column=2)
41  Button(root,text="*",width=5,command=lambda:show("*")).grid(row=2,column=3)
42  # 以下是row3的其他按钮
43  Button(root,text="4",width=5,command=lambda:show("4")).grid(row=3,column=0)
44  Button(root,text="5",width=5,command=lambda:show("5")).grid(row=3,column=1)
45  Button(root,text="6",width=5,command=lambda:show("6")).grid(row=3,column=2)
46  Button(root,text="-",width=5,command=lambda:show("-")).grid(row=3,column=3)
47  # 以下是row4的其他按钮
48  Button(root,text="1",width=5,command=lambda:show("1")).grid(row=4,column=0)
49  Button(root,text="2",width=5,command=lambda:show("2")).grid(row=4,column=1)
50  Button(root,text="3",width=5,command=lambda:show("3")).grid(row=4,column=2)
51  Button(root,text="+",width=5,command=lambda:show("+")).grid(row=4,column=3)
52  # 以下是row5的其他按钮
53  Button(root,text="0",width=12,
54      command=lambda:show("0")).grid(row=5,column=0,columnspan=2)
55  Button(root,text=".",width=5,
56      command=lambda:show(".")).grid(row=5,column=2)
57  Button(root,text="=",width=5,bg ="yellow",
58      command=lambda:calculate()).grid(row=5,column=3)
59
60  root.mainloop()
```

执行结果

6-7 贷款程序设计

　　每个人在成长过程中可能会经历买房子，第一次住在属于自己的房子中是一个美好的经历，大多数的人在这个过程中可能会需要向银行贷款。这时我们会思考需要贷款多少钱？贷款年限是多少？银行利率是多少？然后可以利用上述已知资料计算每个月还款金额是多少？同时我们会好奇整个贷款结束究竟还了多少贷款本金和利息。在做这个专题实践分析时，已知的条件如下。

　　贷款金额：使用 loan 作为变量。

　　贷款年限：使用 year 作为变量。

　　年利率：使用 rate 作为变量。

　　然后需要利用上述条件计算下列结果。

　　每月还款金额：使用 monthlyPay 作为变量。

　　总共还款金额：使用 totalPay 作为变量。

　　处理这个贷款问题的数学公式如下。

$$每月还款金额 = \frac{贷款金额 \times 月利率}{1 - \dfrac{1}{(1 + 月利率)^{贷款年限 \times 12}}}$$

　　银行的贷款术语习惯是用年利率，所以碰上这类问题需将所输入的利率先除以100，这是转成百分比，同时要除以12表示月利率。可以用下列方式计算月利率，笔者用 monthrate 当作变量。

```
monthrate = rate / (12*100)              # 第 5 行
```

　　为了不让求每月还款金额的数学式变得复杂，将分子 (第 8 行) 与分母 (第 9 行) 分开计算，第 10 行则是计算每月还款金额，第 11 行是计算总共还款金额。

```
1   # ch6_8.py
2   from tkinter import * # Import tkinter
3
4   def cal():
5       monthrate = float(rateVar.get()) / (12*100)          # 改成百分比以及月利率
6       molecules = float(loanVar.get()) * monthrate
7       denominator = 1 - (1 / (1 + monthrate) ** (int(yearVar.get()) * 12))
8       monthlypay = int(molecules / denominator)            # 每月还款金额
9       monthlypayVar.set(monthlypay)
10      totalPay = monthlypay * int(yearVar.get()) * 12
11      totalpayVar.set(totalPay)
12
13  window = Tk()
14  window.title("ch6_8")
15
16  Label(window, text="贷款年利率").grid(row=1, column=1, sticky=W)
17  Label(window, text="贷款年数").grid(row=2, column=1, sticky=W)
18  Label(window, text="贷款金额").grid(row=3, column=1, sticky=W)
19  Label(window, text="月付款金额").grid(row=4, column=1, sticky=W)
20  Label(window, text="总付款金额").grid(row=5, column=1, sticky=W)
21
22  rateVar = StringVar()
23  Entry(window,textvariable=rateVar,justify=RIGHT).grid(row=1,column=2,padx=3)
```

执行结果

第 7 章

单选按钮与复选框

本章摘要

Radiobutton 在中文中可以称为单选按钮，它在 Widget 控件中的类别名称是 Radiobutton；Checkboxes 称为复选框，它在 Widget 控件中的类别名称是 Checkbutton。由于这两个控件类似，所以都在本章讲解。

7-1 Radiobutton 单选按钮

7-1-1 单选按钮的基本概念

单选按钮 Radiobutton 名称的由来是无线电的按钮，在收音机时代可以用无线电的按钮选择特定频道。单选按钮最大的特点是可以用鼠标单击的方式选取选项，同时一次只能有一个选项被选取。例如，在填写学历时，会看到一系列选项，例如，高中、大学、硕士、博士，此时只能选中一个项目。在设计单选按钮时，最常见的方式是让单选按钮以文字方式存在，与标签一样，也可以设计含图像的单选按钮。

程序设计时可以设计让单选按钮与函数（或称方法）绑在一起，当选择适当的选项按钮时，可以自动执行相关的函数或方法。另外，程序设计时可能会有多组单选按钮，此时可以设计一组单选按钮有一个相关的变量，用此变量绑定这组单选按钮。

这时可以使用 Radiobutton( ) 方法创建上述一系列选项按钮，语法格式如下。

```
Radiobutton(父对象, options, … )
```

Radiobutton( ) 方法的第一个参数是父对象，表示这个单选按钮将创建在哪一个父对象内。下列是 Radiobutton( ) 方法内其他常用的 options 参数。

(1) activebackground：光标在单选按钮上时的背景颜色。

(2) activeforeground：光标在单选按钮上时的前景颜色。

(3) anchor：如果空间大于所需时，控制单选按钮的位置，默认是 CENTER。

(4) bg：标签背景或 indicator 的背景颜色。

(5) bitmap：位图图像对象。

(6) borderwidth 或 bd：边界宽度，默认是 2px。

(7) command：当用户更改选项时，会自动执行此函数。

(8) cursor：当光标在单选按钮上时的光标形状。

(9) fg：文字前景颜色。

(10) font：字形。

(11) height：单选按钮上的文字有几行，默认是 1 行。

(12) highlightbackground：当单选按钮取得焦点时的背景颜色。

(13) highlightcolor：当单选按钮取得焦点时的颜色。

(14) image：图像对象，如果要创建含图像的单选按钮时，可以使用此参数。

(15) indicatoron：当此值为 0 时，可以创建盒子单选按钮。

(16) justify：当含多行文字时，最后一行文字的对齐方式。

(17) padx：默认是 1，可设置单选按钮与文字的间隔。

(18) pady：默认是 1，可设置单选按钮的上下间距。

(19) selectcolor：当单选按钮被选中时的颜色。

(20) selectimage：如果要设置图像单选按钮，可由此设置当单选按钮被选中时的不同图像。

(21) state：默认是 state=NORMAL，若设置为 DISABLE 则以灰阶显示单选按钮表示暂时无法使用。

(22) text：单选按钮旁的文字。

(23) textvariable：以变量方式显示单选按钮文字。

(24) underline：可以设置第几个文字有下画线，从 0 开始算起，默认是 –1，表示无下画线。

(25) value：单选按钮的值，可以区分所选取的选项按钮。

(26) variable：设置或取得目前选中的单选按钮，它的值类型通常是 IntVar 或 StringVar。

(27) width：单选按钮的文字有几个字符宽，省略时会自行调整为实际宽度。

(28) wraplength：限制每行的文字数，默认是 0，表示只有"\n"才会换行。绑定整组单选按钮的方式如下。

```
var IntVar
rb1 = Radiobutton(root, … , variable=var,value=x1, …)
rb2 = Radiobutton(root, … , variable=var,value=x2, …)
…
rbn = Radiobutton(root, … , variable=var,value=x3, …)
```

未来若是想取得这组单选按钮所选的选项，可以使用 get( ) 方法，这时会将所选选项的参数 value 的值传回，方法 set( ) 可以设置最初默认的 value 选项。

程序实例 ch7_1.py：这是一个简单的单选按钮的应用，程序刚执行时默认选项是"男生"，此时窗口上方显示尚未选择，然后可以选择"男生"或"女生"，选择完成后可以显示"你是男生"或"你是女生"。

```python
1  # ch7_1.py
2  from tkinter import *
3  def printSelection():
4      num = var.get()
5      if num == 1:
6          label.config(text="你是男生")
7      else:
8          label.config(text="你是女生")
```

```
9
10    root = Tk()
11    root.title("ch7_1")                              # 窗口标题
12
13    var = IntVar()                                   # 单选按钮绑定的变量
14    var.set(1)                                       # 默认选项是男生
15
16    label = Label(root,text="这是预设,尚未选择", bg="lightyellow",width=30)
17    label.pack()
18
19    rbman = Radiobutton(root,text="男生",            # 男生单选按钮
20                        variable=var,value=1,
21                        command=printSelection)
22    rbman.pack()
23    rbwoman = Radiobutton(root,text="女生",          # 女生单选按钮
24                        variable=var,value=2,
25                        command=printSelection)
26    rbwoman.pack()
27
28    root.mainloop()
```

执行结果

上述第 13 行是设置 var 变量是 IntVar( ) 对象，也是整型。第 14 行是设置默认选项是 1，在此相当于默认是男生，第 16 和 17 行是设置标签信息。第 19 ～ 22 行是创建"男生"单选按钮，第 23 ～ 26 行是创建"女生"单选按钮。当有单选按钮新建时，会执行第 3 ～ 8 行的函数，这个函数会由 var.get( ) 获得目前单选按钮的 value 值，然后由此值利用 if 判断所选的是男生或女生，最后使用 config( ) 方法将男生或女生设置给标签对象 label 的 text，所以可以看到所选的结果。

上述程序中是为了让读者了解 get( ) 和 set( ) 方法取得和设置的 var 值是参数 value 的值，在熟悉了单选按钮的操作后，这个字段可以用字符串处理，通常是设置 text 内容与 value 内容相同，这时在处理 callback( ) 函数（此例中是 printSelection( )）时，可以比较清晰易懂，整个程序也可以比较简洁。

程序实例 ch7_2.py：使用字符串设置 Radiobutton( ) 方法内的 value 参数值，重新设计程序实例 ch7_1.py。读者会发现 printSelection( ) 函数只用第 4 行就取代了原先的第 4 ～ 8 行。

```
1    # ch7_2.py
2    from tkinter import *
3    def printSelection():
4        label.config(text="你是"+var.get())
5
6    root = Tk()
7    root.title("ch7_2")                              # 窗口标题
8
9    var = StringVar()                                # 单选按钮绑定的变量
10   var.set("男生")                                  # 默认选项是男生
11
12   label = Label(root,text="这是预设,尚未选择", bg="lightyellow",width=30)
13   label.pack()
14
15   rbman = Radiobutton(root,text="男生",            # 男生单选按钮
16                       variable=var,value="男生",
17                       command=printSelection)
```

```
18  rbman.pack()
19  rbwoman = Radiobutton(root,text="女生",            # 女生单选按钮
20                        variable=var,value="女生",
21                        command=printSelection)
22  rbwoman.pack()
23
24  root.mainloop()
```

执行结果　与程序实例 ch7_1.py 相同。

7-1-2　将字典应用在单选按钮

上述创建单选按钮的方法虽然好用，但是当选项变多时程序就会显得比较复杂，此时可以考虑使用字典存储单选按钮相关信息，然后用遍历字典方式创建单选按钮，可参考下列实例。

程序实例 ch7_3.py：为字典内的城市数据创建单选按钮，当选择最喜欢的城市时，Python Shell 窗口将列出所选的结果。

```
1   # ch7_3.py
2   from tkinter import *
3   def printSelection():
4       print(cities[var.get()])              # 列出所选城市
5
6   root = Tk()
7   root.title("ch7_3")                       # 窗口标题
8   cities = {0:"东京",1:"纽约",2:"巴黎",3:"伦敦",4:"香港"}
9
10  var = IntVar()
11  var.set(0)                                # 默认选项
12  label = Label(root,text="选择最喜欢的城市",
13                fg="blue",bg="lightyellow",width=30).pack()
14
15  for val, city in cities.items():          # 创建单选按钮
16      Radiobutton(root,
17                  text=city,
18                  variable=var,value=val,
19                  command=printSelection).pack()
20
21  root.mainloop()
```

执行结果　下列左边是最初界面，右边是选择"纽约"。

当选中"纽约"单选按钮时，可以在 Python Shell 窗口中看到下列结果。

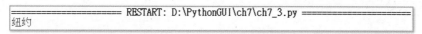

```
==================== RESTART: D:\PythonGUI\ch7\ch7_3.py ====================
纽约
```

7-1-3 盒子单选按钮

tkinter 中也提供盒子单选按钮的概念，可以在 Radiobutton( ) 方法内使用 indicatoron 参数，将它设为 0。

程序实例 ch7_4.py：使用盒子单选按钮重新设计程序实例 **ch7_3.py**，重点是第 18 行。

```
1   # ch7_4.py
2   from tkinter import *
3   def printSelection():
4       print(cities[var.get()])                    # 列出所选城市
5
6   root = Tk()
7   root.title("ch7_4")                              # 窗口标题
8   cities = {0:"东京",1:"纽约",2:"巴黎",3:"伦敦",4:"香港"}
9
10  var = IntVar()
11  var.set(0)                                        # 默认选项
12  label = Label(root,text="选择最喜欢的城市",
13                fg="blue",bg="lightyellow",width=30).pack()
14
15  for val, city in cities.items():                 # 建立选项按钮
16      Radiobutton(root,
17                  text=city,
18                  indicatoron = 0,                  # 用盒子取代单选按钮
19                  width=30,
20                  variable=var,value=val,
21                  command=printSelection).pack()
22
23  root.mainloop()
```

執行結果

7-1-4 创建含图像的单选按钮

也可以将选项文字用图像取代，它的用法和标签 Label 相同。

程序实例 ch7_5.py：使用 **star.gif**、**moon.gif**、**sun.gif** 三个图片作为单选按钮，读者可以选择某一选项，然后在上方窗口中将列出所选择的项目。

```
1   # ch7_5.py
2   from tkinter import *
3   def printSelection():
4       label.config(text="你选的是"+var.get())
5
6   root = Tk()
7   root.title("ch7_5")                              # 窗口标题
8
9   imgStar = PhotoImage(file="star.gif")
10  imgMoon = PhotoImage(file="moon.gif")
```

```
11  imgSun = PhotoImage(file="sun.gif")
12
13  var = StringVar()                                   # 单选按钮绑定的变量
14  var.set("星星")                                     # 默认选项是男生
15
16  label = Label(root,text="这是预设,尚未选择", bg="lightyellow",width=30)
17  label.pack()
18
19  rbStar = Radiobutton(root,image=imgStar,             # 星星单选按钮
20                       variable=var,value="星星",
21                       command=printSelection)
22  rbStar.pack()
23  rbMoon = Radiobutton(root,image=imgMoon,             # 月亮单选按钮
24                       variable=var,value="月亮",
25                       command=printSelection)
26  rbMoon.pack()
27  rbSun = Radiobutton(root,image=imgSun,               # 太阳单选按钮
28                      variable=var,value="太阳",
29                      command=printSelection)
30  rbSun.pack()
31
32  root.mainloop()
```

执行结果

如果要创建含有图像和文字的单选按钮，需要在 Radiobutton 方法内增加 text 参数设置文字，增加 compound 参数设置图像与文字的位置。

程序实例 ch7_6.py：扩充设计程序实例 ch7_5.py，创建一个含有图像和文字的选项按钮组，本程序会将图像显示在文字的右边。

```
1   # ch7_6.py
2   from tkinter import *
3   def printSelection():
4       label.config(text="你选的是"+var.get())
5
6   root = Tk()
7   root.title("ch7_6")                                 # 窗口标题
8
9   imgStar = PhotoImage(file="star.gif")
10  imgMoon = PhotoImage(file="moon.gif")
11  imgSun = PhotoImage(file="sun.gif")
12
13  var = StringVar()                                   # 单选按钮绑定的变量
14  var.set("星星")                                     # 默认选项是星星
15
16  label = Label(root,text="这是预设,尚未选择", bg="lightyellow",width=30)
17  label.pack()
18
19  rbStar = Radiobutton(root,image=imgStar,             # 星星单选按钮
20                       text="星星",compound=RIGHT,
21                       variable=var,value="星星",
22                       command=printSelection)
23  rbStar.pack()
24  rbMoon = Radiobutton(root,image=imgMoon,             # 月亮单选按钮
25                       text="月亮",compound=RIGHT,
26                       variable=var,value="月亮",
```

```
27                      command=printSelection)
28   rbMoon.pack()
29   rbSun = Radiobutton(root,image=imgSun,           # 太阳单选按钮
30                      text="太阳",compound=RIGHT,
31                      variable=var,value="太阳",
32                      command=printSelection)
33   rbSun.pack()
34
35   root.mainloop()
```

执行结果

7-2　Checkboxes 复选框

　　Checkboxes 可以翻译为复选框，它在 Widget 控件中的类别名称是 Checkbutton。复选框在屏幕上显示为一个方框，它与单选按钮最大的差别在于它是复选。在设计复选框时，最常见的方式是让复选框以文字形式存在。与标签一样，也可以设计含有图像的复选框。

　　程序设计时可以设计让每个复选框与函数（或称方法）绑在一起，当此选项被选择时，可以自动执行相关的函数或方法。另外，程序设计时可能会有多组复选框，此时可以设计一组复选框有一个相关的变量，由此变量绑定这组复选框。

　　可以使用 Checkbutton( ) 方法创建复选框，它的使用方法如下。

　　Checkbutton(父对象 , options, …)

　　Checkbutton( ) 方法的第一个参数是父对象，表示这个复选框将创建在哪一个父对象内。下列是 Checkbutton( ) 方法内其他常用的 options 参数。

　　(1) activebackground：光标在复选框上时的背景颜色。

　　(2) activeforeground：光标在复选框上时的前景颜色。

　　(3) bg：标签背景或 indicator 的背景颜色。

　　(4) bitmap：位图图像对象。

　　(5) borderwidth 或 bd：边界宽度，默认是 2px。

　　(6) command：当用户更改选项时，会自动执行此函数。

　　(7) cursor：当光标在复选框上时的光标形状。

　　(8) disabledforeground：当无法操作时的颜色。

(9) font：字形。

(10) height：复选框中的文字有几行，默认是 1 行。

(11) highlightbackground：当复选框取得焦点时的背景颜色。

(12) highlightcolor：当复选框取得焦点时的颜色。

(13) image：图像对象，如果要创建含图像的复选框时，可以使用此参数。

(14) justify：当含多行文字时，最后一行文字的对齐方式。

(15) offvalue：这是控制变量，默认若复选框未选取值时是 0，可以由此更改设置此值。

(16) onvalue：这是控制变量，默认若复选框未选取值时是 1，可以由此更改设置此值。

(17) padx：默认是 1，可设置复选框与文字的间隔。

(18) pady：默认是 1，可设置复选框的上下间距。

(19) relief：默认是 relief=FLAT，可由此控制复选框外框。

(20) selectcolor：当复选框被选取时的颜色。

(21) selectimage：如果要设置图像复选框，可由此设置当复选框被选取时的不同图像。

(22) state：默认是 state=NORMAL，若设置为 DISABLED 则以灰阶显示复选框，表示暂时无法使用。如果光标在复选框上方表示 ACTIVE。

(23) text：复选框旁的文字。

(24) underline：可以设置第几个文字有下画线，从 0 开始算起，默认是 -1，表示无下画线。

(25) variable：设置或取得目前选中的复选框，它的值类型通常是 IntVar 或 StringVar。

(26) width：复选框的文字有几个字符宽，省略时会自行调整为实际宽度。

(27) wraplength：限制每行的文字数，默认是 0，表示只有 "\n" 才会换行。

程序实例 ch7_7.py：创建复选框的应用。

```
1   # ch7_7.py
2   from tkinter import *
3
4   root = Tk()
5   root.title("ch7_7")                         # 窗口标题
6
7   lab = Label(root,text="请选择喜欢的运动",fg="blue",bg="lightyellow",width=30)
8   lab.grid(row=0)
9
10  var1 = IntVar()
11  cbtnNFL = Checkbutton(root,text="美式足球",variable=var1)
12  cbtnNFL.grid(row=1,sticky=W)
13
14  var2 = IntVar()
15  cbtnMLB = Checkbutton(root,text="棒球",variable=var2)
16  cbtnMLB.grid(row=2,sticky=W)
17
18  var3 = IntVar()
```

```
19  cbtnNBA = Checkbutton(root,text="篮球",variable=var3)
20  cbtnNBA.grid(row=3,sticky=W)
21
22  root.mainloop()
```

执行结果

如果复选框中项目不多，可以参考上述实例使用 Checkbutton( ) 方法一步一步地创建复选框的项目。如果项目很多，可以将项目组织成字典，然后使用循环创建复选框，可参考下列实例。

程序实例 ch7_8.py：以 **sports** 字典方式存储运动复选框项目，然后创建此复选框，当有选中项目时，若是单击"确定"按钮，可以在 Python Shell 窗口中列出所选的项目。

```
1   # ch7_8.py
2   from tkinter import *
3
4   def printInfo():
5       selection = ''
6       for i in checkboxes:                              # 检查此字典
7           if checkboxes[i].get() == True:               # 被选择则执行
8               selection = selection + sports[i] + "\t"
9       print(selection)
10
11  root = Tk()
12  root.title("ch7_8")                                   # 窗口标题
13
14  Label(root,text="请选择喜欢的运动",
15      fg="blue",bg="lightyellow",width=30).grid(row=0)
16
17  sports = {0:"美式足球",1:"棒球",2:"篮球",3:"网球"}        # 运动字典
18  checkboxes = {}                                       # 字典存放被选择项目
19  for i in range(len(sports)):                          # 将运动字典转成复选框
20      checkboxes[i] = BooleanVar()                      # 布尔变量对象
21      Checkbutton(root,text=sports[i],
22                  variable=checkboxes[i]).grid(row=i+1,sticky=W)
23
24  btn = Button(root,text="确定",width=10,command=printInfo)
25  btn.grid(row=i+2)
26
27  root.mainloop()
```

执行结果

上述右图中若是单击"确定"按钮，可以在 Python Shell 窗口中看到下列结果。

```
=============== RESTART: D:\PythonGUI\ch7\ch7_8.py ===============
美式足球          篮球      网球
```

上述第 17 行的 sports 字典是存储运动项目的复选框，第 18 行的 checkboxes 字典则是存储选项是否被选中，第 19 ～ 22 行是循环将 sports 字典内容转成复选框，其中，第 20 行是将 checkboxes 内容设为 BooleanVar 对象，经过这样设置后第 7 行才可以用 get( ) 方法取得它的内容。第 24 行是创建"确定"按钮，当单击此按钮时会执行第 4 ～ 9 行的 printInfo( ) 函数，这个函数主要是将被选取的项目打印出来。

7-3　简单编辑程序的应用

程序实例 ch7_9.py：创建一个对话框，这个对话框中有 1 个 Entry 文本框、4 个功能按钮、1 个复选框，功能如下。

　　Entry 文本框：可以在此输入文字。

　　选取功能按钮：可以选取 Entry 内的文字。

　　取消选取功能按钮：可以取消选取 Entry 内的文字。

　　删除功能按钮：可以删除 Entry 内的文字。

　　结束：让程序结束。

　　只读：让 Entry 变为只读模式，无法写入或更改 Entry 内容。

```
1   # ch7_9.py
2   from tkinter import *
3   # 以下是callback方法
4   def selAll():                                   # 选中全部字符串
5       entry.select_range(0,END)
6   def deSel():                                     # 取消选中
7       entry.select_clear()
8   def clr():                                       # 删除文字
9       entry.delete(0,END)
10  def readonly():                                  # 设置Entry状态
11      if var.get() == True:
12          entry.config(state=DISABLED)             # 设置为DISABLED
13      else:
14          entry.config(state=NORMAL)               # 设置为NORMAL
15
16  root = Tk()
17  root.title("ch7_9")                              # 窗口标题
18
19  # 以下row=0建立Entry
20  entry = Entry(root)
21  entry.grid(row=0,column=0,columnspan=4,
22             padx=5,pady=5,sticky=W)
23  # 以下row=1建立Button
24  btnSel = Button(root,text="选择",command=selAll)
25  btnSel.grid(row=1,column=0,padx=5,pady=5,sticky=W)
26  btnDesel = Button(root,text="取消选择",command=deSel)
27  btnDesel.grid(row=1,column=1,padx=5,pady=5,sticky=W)
28  btnClr = Button(root,text="删除",command=clr)
29  btnClr.grid(row=1,column=2,padx=5,pady=5,sticky=W)
30  btnQuit = Button(root,text="结束",command=root.destroy)
31  btnQuit.grid(row=1,column=3,padx=5,pady=5,sticky=W)
32  # 以下row=2建立Checkboxes
33  var = BooleanVar()
34  var.set(False)
```

```
35  chkReadonly = Checkbutton(root,text="只读",variable=var,
36                            command=readonly)
37  chkReadonly.grid(row=2,column=0)
38
39  root.mainloop()
```

执行结果

第 8 章

容器控件

本章摘要

Frame 可翻译为框架，它在 Widget 中的类别名称就是 Frame。LabelFrame 可翻译为标签框架，它在 Widget 中的类别名称就是 LabelFrame。这两个控件主要作为容器使用，设计时 LabelFrame 可以在外观看到标签名称。本章要介绍的另一个 Widget 是 Toplevel，它与 Frame 类似，但是将产生一个分离的窗口容器。

8-1 框架 Frame

8-1-1 框架的基本概念

这是一个容器控件，当我们设计的 GUI 程序很复杂时，可以考虑将一系列相关的 Widget 组织在一个框架内，这样可以方便管理。它的构造方法语法如下。

```
Frame(父对象,options, … )        # 父对象可以省略，可参考 ch8_1_1.py
```

Frame( ) 方法的第一个参数是父对象，表示这个框架将创建在哪一个父对象内。下列是 Frame( ) 方法内其他常用的 options 参数。

(1) bg 或 background：背景颜色。

(2) borderwidth 或 bd：框架边界宽度，默认是 2。

(3) cursor：当光标在框架上时的光标形状。

(4) height：框架的高度，单位是 px。

(5) highlightbackground：当框架没有取得焦点时的背景颜色。

(6) highlightcolor：当框架取得焦点时的颜色。

(7) highlightthickness：当框架取得焦点时的厚度。

(8) relief：默认 relief=FLAT，可由此控制框架外框，可参考程序实例 ch8_4.py。

(9) width：框架的宽度，单位是 px，省略时会自行调整为实际宽度。

程序实例 ch8_1.py：创建 3 个不同底色的框架。

执行结果

```
1   # ch8_1.py
2   from tkinter import *
3
4   root = Tk()
5   root.title("ch8_1")
6
7   for fm in ["red","green","blue"]:      # 创建3个不同底色的框架
8       Frame(root,bg=fm,height=50,width=250).pack()
9
10  root.mainloop()
```

从上述实例应该了解，框架也是一个 Widget 控件，所以最后也需要使用控件配置管理员包装与定位，此例中是使用 pack( )。

程序实例 ch8_1_1.py：在调用 Frame 构造方法时，省略父对象。

```
8       Frame(bg=fm,height=50,width=250).pack()
```

执行结果 与程序实例 ch8_1.py 相同。

程序实例 ch8_2.py：使用横向配置方式 (side=LEFT) 重新设计程序实例 ch8_1.py，同时让光标在不同的框架上有不同的形状。

```
1   # ch8_2.py
2   from tkinter import *
3
4   root = Tk()
5   root.title("ch8_2")
6
7   # 用字典存储框架颜色与光标外形
8   fms = {'red':'cross','green':'boat','blue':'clock'}
9   for fmColor in fms:              # 创建3个不同底色的框架与光标外形
10      Frame(root,bg=fmColor,cursor=fms[fmColor],
11          height=50,width=200).pack(side=LEFT)
12
13  root.mainloop()
```

执行结果

8-1-2　在框架内创建 Widget 控件

创建框架时会传回框架对象，假设此对象是 A，以后在此框架内创建 Widget 控件时，此对象 A 就是框架内 Widget 控件的父容器。下面是在框架内创建功能按钮对象的讲解。

```
A = Frame(root, … )          # 传回框架对象 A
btn = Button(A, … )          # 框架对象 A 是 btn 功能按钮的父容器
```

程序实例 ch8_3.py：创建两个框架，同时在上层框架 frameUpper 内创建三个功能按钮，下层框架是 frameLower，同时在此创建一个功能按钮。

```
1   # ch8_3.py
2   from tkinter import *
3
4   root = Tk()
5   root.title("ch8_3")
6
7   frameUpper = Frame(root,bg="lightyellow")    # 创建上层框架
8   frameUpper.pack()
9   btnRed = Button(frameUpper,text="Red",fg="red")
10  btnRed.pack(side=LEFT,padx=5,pady=5)
11  btnGreen = Button(frameUpper,text="Green",fg="green")
12  btnGreen.pack(side=LEFT,padx=5,pady=5)
13  btnBlue = Button(frameUpper,text="Blue",fg="blue")
14  btnBlue.pack(side=LEFT,padx=5,pady=5)
15
16  frameLower = Frame(root,bg="lightblue")       # 创建下层框架
```

执行结果

```
17  frameLower.pack()
18  btnPurple = Button(frameLower,text="Purple",fg="purple")
19  btnPurple.pack(side=LEFT,padx=5,pady=5)
20
21  root.mainloop()
```

8-1-3　活用 relief 属性

可以利用 relief 属性的特性，将 Widget 控件创建在框架内。

程序实例 ch8_4.py：创建三个框架，分别使用不同的 relief 属性。

```
1   # ch8_4.py
2   from tkinter import *
3
4   root = Tk()
5   root.title("ch8_4")
6
7   fm1 = Frame(width=150,height=80,relief=GROOVE, borderwidth=5)
8   fm1.pack(side=LEFT,padx=5,pady=10)
9
10  fm2 = Frame(width=150,height=80,relief=RAISED, borderwidth=5)
11  fm2.pack(side=LEFT,padx=5,pady=10)
12
13  fm3 = Frame(width=150,height=80,relief=RIDGE, borderwidth=5)
14  fm3.pack(side=LEFT,padx=5,pady=10)
15
16  root.mainloop()
```

執行結果

8-1-4　在含 raised 属性的框架内创建标签和复选框

程序实例 ch8_5.py：创建一个含 raised 属性的框架，同时在此框架内创建标签和复选框。

```
1   # ch8_5.py
2   from tkinter import *
3
4   root = Tk()
5   root.title("ch8_5")
6
7   fm = Frame(width=150,height=80,relief=RAISED,borderwidth=5)  # 创建框架
8   lab = Label(fm,text="请复选常用的程序语言")                    # 创建标签
9   lab.pack()
10  python = Checkbutton(fm,text="Python")                      # 创建Python复选框
11  python.pack(anchor=W)
12  java = Checkbutton(fm,text="Java")                          # 创建 Java 复选框
13  java.pack(anchor=W)
14  ruby = Checkbutton(fm,text="Ruby")                         # 创建Ruby复选框
15  ruby.pack(anchor=W)
16  fm.pack(padx=10,pady=10)                                   # 包装框架
17
18  root.mainloop()
```

执行结果

8-1-5 额外对 relief 属性的支持

在标准的 Frame 框架中，对于 relief 属性并没有完全支持，例如 solid 和 sunken 属性，此时可以使用 tkinter.ttk 的 Frame 和 Style 模块。下面将直接以实例讲解。

程序实例 ch8_6.py：创建 6 个框架，每个框架有不同的 relief。

```
1  # ch8_6.py
2  from tkinter import Tk
3  from tkinter.ttk import Frame, Style
4
5  root = Tk()
6  root.title("ch8_6")
7  style = Style()                # 改用Style
8  style.theme_use("alt")         # 改用alt支持Style
9
10 fm1 = Frame(root,width=150,height=80,relief="flat")
11 fm1.grid(row=0,column=0,padx=5,pady=5)
12
13 fm2 = Frame(root,width=150,height=80,relief="groove")
14 fm2.grid(row=0,column=1,padx=5,pady=5)
15
16 fm3 = Frame(root,width=150,height=80,relief="raised")
17 fm3.grid(row=0,column=2,padx=5,pady=5)
18
19 fm4 = Frame(root,width=150,height=80,relief="ridge")
20 fm4.grid(row=1,column=0,padx=5,pady=5)
21
22 fm5 = Frame(root,width=150,height=80,relief="solid")
23 fm5.grid(row=1,column=1,padx=5,pady=5)
24
25 fm6 = Frame(root,width=150,height=80,relief="sunken")
26 fm6.grid(row=1,column=2,padx=5,pady=5)
27
28 root.mainloop()
```

执行结果

上述程序中需使用 tkinter.ttk 模块内的 Frame 作为支持才可正常显示 relief 外框，同时留意第 8 行中的 alt 参数，它是此机制内对于 relief 支持的参数。

8-2 标签框架 LabelFrame

8-2-1 标签框架的基本概念

这也是一个容器控件，主要是将一系列相关的 Widget 组织在一个标签框架内，然后给它一个名称。它的构造方法语法如下。

```
LabelFrame(父对象,options, … )
```

LabelFrame( ) 方法的第一个参数是父对象，表示这个标签框架将创建在哪一个父对象内。下列是 LabelFrame( ) 方法内其他常用的 options 参数。

(1) bg 或 background：背景颜色。

(2) borderwidth 或 bd：标签框架的边界宽度，默认是 2。

(3) cursor：当光标在标签框架上时的光标外形。

(4) font：标签框架中文字的字形。

(5) height：标签框架的高度，单位是 px。

(6) highlightbackground：当标签框架没有取得焦点时的背景颜色。

(7) highlightcolor：当标签框架取得焦点时的颜色。

(8) highlighthickness：当标签框架取得焦点时的厚度。

(9) labelanchor：设置放置标签的位置。

(10) relief：默认 relief=FLAT，可由此控制标签框架的外框。

(11) text：标签内容。

(12) width：标签框架的宽度，单位是 px，省略时会自行调整为实际宽度。

程序实例 ch8_7.py：重新设计程序实例 ch5_3.py，将账号和密码字段使用标签框架框起来，此框架标签的文字是"数据验证"。

```
1   # ch8_7.py
2   from tkinter import *
3
4   root = Tk()
5   root.title("ch8_7")                              # 窗口标题
6
7   msg = "欢迎进入Silicon Stone Educaiton系统"
8   sseGif = PhotoImage(file="sse.gif")              # Logo图像文件
9   logo = Label(root,image=sseGif,text=msg,compound=BOTTOM)
10  logo.pack()
11
12  # 以下是LabelFrame标签框架
13  labFrame = LabelFrame(root,text="数据验证")     # 创建标签框架
14  accountL = Label(labFrame,text="Account")        # account标签
15  accountL.grid(row=0,column=0)
16  pwdL = Label(labFrame,text="Password")           # pwd标签
17  pwdL.grid(row=1,column=0)
18
```

执行结果

```
19   accountE = Entry(labFrame)                          # account文本框
20   accountE.grid(row=0,column=1)                       # 定位account文本框
21   pwdE = Entry(labFrame,show="*")                     # pwd文本框
22   pwdE.grid(row=1,column=1,pady=10)                   # 定位pwd文本框
23   labFrame.pack(padx=10,pady=5,ipadx=5,ipady=5)       # 包装与定位标签框架
24
25   root.mainloop()
```

8-2-2　将标签框架应用于复选框

标签框架的应用范围很广泛，也常应用于将单选按钮或是复选框组织起来。下面将直接以实例讲解。

程序实例 ch8_8.py：重新设计程序实例 ch7_8.py，将复选框用标签框架框起来，同时设置了 root 窗口的宽度和高度。

```
1   # ch8_8.py
2   from tkinter import *
3
4   def printInfo():
5       selection = ''
6       for i in checkboxes:                            # 检查此字典
7           if checkboxes[i].get() == True:             # 被选择则执行
8               selection = selection + sports[i] + "\t"
9       print(selection)
10
11  root = Tk()
12  root.title("ch8_8")                                 # 窗口标题
13  root.geometry("400x220")
14  # 以下创建标签框架与字典方块
15  labFrame = LabelFrame(root,text="选择最喜欢的运动")
16  sports = {0:"美式足球",1:"棒球",2:"篮球",3:"网球"}       # 运动字典
17  checkboxes = {}                                     # 字典存放被选择项目
18  for i in range(len(sports)):                        # 将运动字典转成复选框
19      checkboxes[i] = BooleanVar()                    # 布尔变量对象
20      Checkbutton(labFrame,text=sports[i],
21              variable=checkboxes[i]).grid(row=i+1,sticky=W)
22  labFrame.pack(ipadx=5,ipady=5,pady=10)              # 包装定位标签框架
23
24  btn = Button(root,text="确定",width=10,command=printInfo)
25  btn.pack()
26
27  root.mainloop()
```

执行结果

8-3 顶层窗口 Toplevel

8-3-1 Toplevel 窗口的基本概念

这个控件的功能类似于 Frame，但是这个控件所产生的容器是一个独立的窗口，有自己的标题栏和边框。它的构造方法的语法如下。

```
Toplevel(options, … )
```

下列是 Toplevel( ) 方法内其他常用的 options 参数。

(1) bg 或 background：背景颜色。

(2) borderwidth 或 bd：标签边界宽度，默认是 2。

(3) cursor：当光标在 Toplevel 窗口上时的光标形状。

(4) fg：文字前景颜色。

(5) font：字形。

(6) height：窗口高度。

(7) width：窗口宽度。

程序实例 ch8_9.py：创建一个 Toplevel 窗口，为了区分，在 Toplevel 窗口中增加字符串 "I am a Toplevel"。

```
1  # ch8_9.py
2  from tkinter import *
3
4  root = Tk()
5  root.title("ch8_9")
6
7  tl = Toplevel()
8  Label(tl,text = 'I am a Toplevel').pack()
9
10 root.mainloop()
```

执行结果 下方左图是执行结果画面，右图是适度移动主窗口后的结果。

Toplevel 窗口创建完成后，如果关闭 Toplevel 窗口，则原主窗口仍可以继续使用，但是如果关闭了主窗口，则 Toplevel 窗口将自动关闭。在第 1 章介绍创建主窗口时已介绍过窗口属性设置的方法，这些方法中有些可以供 Toplevel 窗口使用。

程序实例 ch8_10.py：设置 Toplevel 窗口的标题和大小。

```
1  # ch8_10.py
2  from tkinter import *
3
4  root = Tk()
5  root.title("ch8_10")
6
7  tl = Toplevel()
8  tl.title("Toplevel")
9  tl.geometry("300x180")
10 Label(tl,text = 'I am a Toplevel').pack()
11
12 root.mainloop()
```

执行结果

8-3-2 使用 Toplevel 窗口仿真对话框

程序实例 ch8_11.py：这个程序执行时会有一个 Click Me 按钮，当单击此按钮时会由一个随机数产生 Yes、No、Exit 字符串，这些字符串会出现在 Toplevel 窗口内。

```
1  # ch8_11.py
2  from tkinter import *
3  import random
4
5  root = Tk()
6  root.title("ch8_11")
7
8  msgYes, msgNo, msgExit = 1,2,3
9  def MessageBox():                          # 创建对话框
10     msgType = random.randint(1,3)          # 使用随机数方式产生对话框
11     if msgType == msgYes:                  # 产生Yes字符串
12         labTxt = 'Yes'
13     elif msgType == msgNo:                 # 产生No字符串
14         labTxt = 'No'
15     elif msgType == msgExit:               # 产生Exit字符串
16         labTxt = 'Exit'
17     tl = Toplevel()                        # 创建Toplevel窗口
18     tl.geometry("300x180")                 # 创建对话框大小
19     tl.title("Message Box")
20     Label(tl,text=labTxt).pack(fill=BOTH,expand=True)
21
22 btn = Button(root,text='Click Me',command = MessageBox)
23 btn.pack()
24
25 root.mainloop()
```

执行结果

8-4 框架专题实践

8-4-1 将控件放在框架中的组合应用

程序实例 ch8_12.py：这个程序会创建两个框架，当选中单选按钮或复选框时会在 Python Shell 窗口中列出所选择的内容，当输入名字后再单击执行按钮时，会在 Python Shell 窗口中列出所输入的名字。

```python
1  # ch8_12.py
2  from tkinter import *
3
4  def click_Radiobutton():
5      print(("浅蓝色" if v1.get() == 1 else "浅绿色")
6          + "设置" )
7
8  def click_bold_box():
9      print("粗体按钮"
10         + ("设置" if v2.get() == 1 else "取消设置"))
11
12 def click_italic_box():
13     print("斜体按钮"
14         + ("设置" if v3.get() == 1 else "取消设置"))
15
16 def get_Name():
17     print("姓名 : " + name.get())
18
19 window = Tk()
20 window.title("ch8_12")                          # 设置标题
21
22 # 在框架frame1中创建2个单选按钮和2个核对方块
23 frame1 = Frame(window)                          # 创建框架frame1
24 frame1.pack()
25
26 v1 = IntVar()
27 v1.set(1)
28 rb_blue = Radiobutton(frame1, text="浅蓝",
29                       bg="lightblue", variable=v1, value=1,
30                       command=click_Radiobutton)
31 rb_green = Radiobutton(frame1, text="浅绿",
32                        bg="lightgreen", variable=v1, value=2,
33                        command=click_Radiobutton)
34 v2 = IntVar()
35 cbtBold = Checkbutton(frame1, text="粗体",
36                       variable=v2, command=click_bold_box)
37 v3 = IntVar()
38 cbtItalic = Checkbutton(frame1, text="斜体",
39                         variable=v3, command=click_italic_box)
40
41 rb_blue.grid(row = 1, column = 1)
42 rb_green.grid(row = 1, column = 2)
43 cbtBold.grid(row = 2,column = 1)
44 cbtItalic.grid(row = 2,column = 2)
45
46 # 在框架frame2中创建1个标签和1个文本框
47 frame2 = Frame(window)                          # 创建框架frame2
48 frame2.pack()
49 label = Label(frame2, text="请输入名字: ")
50 name = StringVar()
51 name_Entry = Entry(frame2, textvariable=name)
52 name_Btn = Button(frame2, text="执行", command=get_Name)
```

```
53
54  label.grid(row=1, column=1)
55  name_Entry.grid(row=1, column=2)
56  name_Btn.grid(row=1, column=3, padx=3)
57
58  # 输出文字
59  lbl = Label(window,text="控件组合应用")                    # 输出文字
60  lbl.pack()
61
62  window.mainloop()
```

执行结果

下列是 Python Shell 窗口的输出。

```
================ RESTART: D:\PythonGUI\ch8\ch8_12.py ================
浅绿色设置
斜体按钮 设置
姓名：洪魁
```

8-4-2　可以更改文字与颜色的框架应用

程序实例 ch8_13.py：输出文字，同时可以更改文字的颜色和内容。

```
1   # ch8_13.py
2   from tkinter import *
3
4   def color_Radiobutton():
5       if var.get() == 'blue_color':
6           lbl["fg"] = "blue"
7       elif var.get() == 'green_color':
8           lbl["fg"] = "green"
9       elif var.get() == 'red_color':
10          lbl["fg"] = "red"
11
12  def new_text_Btn():
13      lbl["text"] = msg.get()              # 创建新的展示文字
14
15  window = Tk()
16  window.title("ch8_13")                   # 设置标题
17
18  # 创建框架frame1
19  frame1 = Frame(window)
20  frame1.pack()
21  lbl = Label(frame1, text="Python GUI是有趣的")
22  lbl.pack()
23
24  # 创建框架frame2
25  frame2 = Frame(window)
26  frame2.pack()
27  label = Label(frame2, text = "请输入文字 : ")
28  msg = StringVar()
29  entry = Entry(frame2, textvariable = msg)
30  change_Text = Button(frame2, text = "更改文字",
```

```
31                            command = new_text_Btn)
32 var = StringVar()
33 var.set(1)
34 rb_blue = Radiobutton(frame2, text="蓝色", bg="lightblue",
35                       variable=var, value='blue_color',
36                       command=color_Radiobutton)
37 rb_green = Radiobutton(frame2, text="绿色", bg = "lightgreen",
38                        variable=var, value='green_color',
39                        command = color_Radiobutton)
40 rb_red = Radiobutton(frame2, text="红色", bg = "red",
41                      variable=var, value='red_color',
42                      command = color_Radiobutton)
43
44 label.grid(row=1, column=1)
45 entry.grid(row=1, column=2)
46 change_Text.grid(row=1, column=3)
47 rb_blue.grid(row=2, column=1)
48 rb_green.grid(row=2, column=2)
49 rb_red.grid(row=2, column=3)
50
51 window.mainloop()
```

执行结果 下列是程序执行的最初画面。

下列是更改文字颜色与内容的画面。

8-4-3 设计一个容器然后显示图书封面

程序实例 ch8_14.py：在 **ch8** 文件夹下有 **bookfigures** 子文件夹，这个文件夹内有 7 个 **GIF** 格式的图片文件 (7 本书的封面)。这个程序执行时会先显示前 3 本图书封面，当单击 "重新显示" 按钮时，会依据 shuffle( ) 功能，重新选取 3 本图书封面。

```
1  # ch8_14.py
2  from tkinter import *
3  import random
4
5  def do_shuffle():
6      random.shuffle(gifList)
7      for i in range(3):
8          labelList[i]["image"] = gifList[i]
9
10 window = Tk()
11 window.title("ch8_14")
12
13 gifList = []                        # 图片列表
14 for i in range(1, 8):               # 创建图片列表
15     gifList.append(PhotoImage(file="bookfigures/" + str(i) + ".gif"))
16
```

```
17  frame = Frame(window)              # 容器，存储图书封面
18  frame.pack()
19
20  labelList = []                     # 图书封面列表
21  for i in range(3):
22      labelList.append(Label(frame, image=gifList[i]))
23      labelList[i].pack(side=LEFT)
24
25  Button(window, text="重新显示", command=do_shuffle).pack(pady=5)
26
27  window.mainloop()
```

下列是单击“重新显示”按钮的结果。

第 9 章

与数字有关的 Widget

本章摘要

本章将介绍两个可以使用图形接口选取数值的 Widget 控件：Scale 和 Spinbox。

9-1　Scale 的数值输入控制

9-1-1　Scale 的基本概念

Scale 可以翻译为尺度。Python 的 tkinter 模块中有 Widget 控件 Scale，这是一种图形接口输入功能，可以通过移动尺度条产生某一范围的数字。

创建尺度条的方法是 Scale( )，它的构造方法如下。

```
Scale(父对象 , options, … )
```

Scale( ) 方法的第一个参数是父对象，表示这个尺度条将创建在哪一个父对象内。下列是 Scale( ) 方法内其他常用的 options 参数。

(1) activebackground：光标在尺度条上时的背景颜色。

(2) bg：背景颜色。

(3) borderwidth 或 bd：3D 边界宽度，默认是 2px。

(4) command：当用户更改数值时，会自动执行此函数。

(5) cursor：当光标在尺度条上时的光标形状。

(6) digits：尺度数值，读取时需使用 IntVar、DoubleVar 或 StringVar 变量类型读取。

(7) fg：文字前景颜色。

(8) font：字形。

(9) from_：尺度条范围值的初值。

(10) highlightbackground：当尺度条取得焦点时的背景颜色。

(11) highlightcolor：当尺度条获得焦点时的颜色。

(12) label：默认是没有标签文字，如果尺度条是水平的，则此标签出现在左上角，如果尺度条是垂直的，则此标签出现在右上角。

(13) length：默认是 100px。

(14) orient：默认是水平，可以设置水平 HORIZONTAL 或垂直 VERTICAL。

(15) relief：默认是 FLAT，可由此更改尺度条外观。

(16) repeatdelay：可设置需要按住尺度条多久后才可移动此尺度条，单位是 ms，默认是 300。

(17) resolution：每次更改的数值，例如，from_=2.0，to=4.0。如果将 resolution 设为 0.5，则尺度条的可能数值是 2.0、2.5、3.0、3.5、4.0。

(18) showvalue：正常会显示尺度条的目前值，如果设为 0，则不显示。

(19) state：如果设为 DISABLE，则暂时无法使用此尺度条。

(20) takefocus：正常时此尺度条可以循环取得焦点，如果设为 0，则无法取得焦点。

(21) tickinterval：尺度条的标记刻度，例如，from_=2.0，to=3.0，tickinterval=0.25，则刻度是 2.0、2.25、2.50、2.75 和 3.0。

(22) to：尺度条范围值的末端值。

(23) troughcolor：槽 (trough) 的颜色。

(24) variable：设置或取得目前选取的尺度值，它的值类型通常是 IntVar 或 StringVar。

(25) width：对于垂直尺度条，这是槽的宽度；对于水平尺度条，这是槽的高度。

程序实例 ch9_1.py：一个产生水平尺度条与垂直尺度条的应用。尺度值的范围为 0 ～ 10，垂直尺度条使用默认长度，水平尺度条则设为 300。

```
1   # ch9_1.py
2   from tkinter import *
3
4   window = Tk()
5   window.title("ch9_1")
6
7   slider1 = Scale(window,from_=0,to=10).pack()
8   slider2 = Scale(window,from_=0,to=10,
9                   length=300,orient=HORIZONTAL).pack()
10
11  window.mainloop()
```

执行结果

程序实例 ch9_2.py：设置 Scale( ) 构造方法中的多个参数。

```
1   # ch9_2.py
2   from tkinter import *
3
4   root = Tk()
5   root.title("ch9_2")                    # 窗口标题
6
```

```
 7  slider = Scale(root,
 8                 from_=0,                     # 起点值
 9                 to=10,                       # 终点值
10                 troughcolor="yellow",        # 槽的颜色
11                 width="30",                  # 槽的高度
12                 tickinterval=2,              # 刻度
13                 label="My Scale",            # Scale标签
14                 length=300,                  # Scale长度
15                 orient=HORIZONTAL)           # 水平
16  slider.pack()
17
18  root.mainloop()
```

执行结果

9-1-2　取得与设置 Scale 的尺度值

设计 GUI 程序时可以使用 set( ) 方法设置尺度的值，可以使用 get( ) 方法取得尺度的值。

程序实例 ch9_3.py：使用 set( ) 设置尺度初值，使用 get( ) 获得尺度值。当单击 Print 按钮时可以在 Python Shell 窗口中列出垂直和水平的尺度值。

```
 1  # ch9_3.py
 2  from tkinter import *
 3
 4  def printInfo():
 5      print("垂直尺度值 = %d, 水平尺度值 = %d" % (sV.get(),sH.get()))
 6
 7  root = Tk()
 8  root.title("ch9_3")                        # 窗口标题
 9
10  sV = Scale(root,label="垂直",from_=0,to=10)    # 创建垂直尺度
11  sV.set(5)                                  # 设置垂直尺度初值是5
12  sV.pack()
13
14  sH = Scale(root,label="水平",from_=0,to=10,    # 创建水平尺度
15                  length=300,orient=HORIZONTAL)
16  sH.set(3)                                  # 设置水平尺度初值是3
17  sH.pack()
18
19  Button(root,text="Print",command=printInfo).pack()
20
21  root.mainloop()
```

执行结果

单击 Print 按钮可以得到下列结果。

```
==================== RESTART: D:\PythonGUI\ch9\ch9_3.py ====================
垂直尺度值 = 5, 水平尺度值 = 3
```

9-1-3 使用 Scale 设置窗口背景颜色

Scale 控件有一个特点是在移动时可以自动触发事件。可以在使用 Scale( ) 时增加 command 参数设置移动时所要执行的 callback( ) 方法。

```
def callback( ):
…
…
sliderObj = Scale(…,command=callback)
```

从上述可知，当有尺度条移动时会调用与执行 callback( ) 方法。

程序实例 ch9_4.py：设计三个尺度条分别代表 R、G、B 三种颜色，当移动这三个尺度条时，Python Shell 将显示这三个尺度条的颜色值，同时可以看到窗口背景颜色也将实时更改。

```
1   # ch9_4.py
2   from tkinter import *
3
4   def bgUpdate(source):
5       ''' 更改窗口背景颜色 '''
6       red = rSlider.get()                                # 读取red值
7       green = gSlider.get()                              # 读取green值
8       blue = bSlider.get( )                              # 读取blue值
9       print("R=%d, G=%d, B=%d" % (red, green, blue))     # 输出色彩数值
10      myColor = "#%02x%02x%02x" % (red, green, blue)     # 将色彩值转换成十六进制字符串
11      root.config(bg=myColor)                            # 设置窗口背景颜色
12
13  root = Tk()
14  root.title("ch9_4")
15  root.geometry("360x240")
16
17  rSlider = Scale(root, from_=0, to=255, command=bgUpdate)
18  gSlider = Scale(root, from_=0, to=255, command=bgUpdate)
19  bSlider = Scale(root, from_=0, to=255, command=bgUpdate)
20  gSlider.set(125)                                       # 设置green初值是125
21  rSlider.grid(row=0, column=0)
22  gSlider.grid(row=0, column=1)
23  bSlider.grid(row=0, column=3)
24
25  root.mainloop()
```

执行结果

下列是 Python Shell 窗口显示的画面，此画面会记录 RGB 色彩值的变化。

```
==================== RESTART: D:\PythonGUI\ch9\ch9_4.py ====================
R=0, G=125, B=0
R=0, G=125, B=4
R=0, G=125, B=30
```

上述设计是将尺度条放置在窗口左上角，如果想调整位置并不太方便，最好的设计方式是先设计一个容器，然后将这三个尺度条放置在此容器内，未来如果想要移动位置，可以直接移动容器位置。

9-1-4　askcolor( ) 方法

在 tkinter 模块内的 colorchooser 模块内有 askcolor( ) 方法，这个方法可以开启 "色彩" 对话框，我们可以很方便地在此对话框中选择色彩。

程序实例 ch9_4_1.py：使用开启 "色彩" 对话框的方式重新设计程序实例 ch9_4.py。

```
1  # ch9_4_1.py
2  from tkinter import *
3  from tkinter.colorchooser import *
4
5  def bgUpdate():
6      ''' 更改窗口背景颜色 '''
7      myColor = askcolor()              # 列出色彩对话框
8      print(type(myColor),myColor)      # 打印传回值
9      root.config(bg=myColor[1])        # 设置窗口背景颜色
10
11 root = Tk()
12 root.title("ch9_4_1")
13 root.geometry("360x240")
14
15 btn = Button(text="Select Color",command=bgUpdate)
16 btn.pack(pady=5)
17
18 root.mainloop()
```

执行结果 当单击 Select Color 按钮后可以看到下方右图 "色彩" 对话框。

单击右图中 "确定" 按钮可以得到下列结果。

上述第 7 行 askcolor( ) 方法打开"色彩"对话框，选择好色彩后，再单击"确定"按钮后，传回值给 myColor。第 8 行又将所传回的值 myColor 使用 Python Shell 窗口打印，可以传回下列数据。

```
==================== RESTART: D:\PythonGUI\ch9\ch9_4_1.py ====================
<class 'tuple'> ((74.2890625, 247.96484375, 83.32421875), '#4af753')
```

上述传回值的数据类型是元组，这个元组中有两个元素，索引 0 的元素也是元组，这个元素中含有三个数据，分别是 RGB 的色彩值。索引 1 的元素是 16 位的色彩字符串。我们可以使用色彩字符串设置窗口的背景颜色。

9-1-5　容器的应用

延续 9-1-4 节的做法，可以使用第 8 章的 Frame 框架当作容器，然后将三个色彩尺度条放在此框架内。

程序实例 ch9_5.py：重新设计程序实例 ch9_4.py，将三个色彩尺度条放置在 Frame 容器内，然后将 Frame 容器放置在窗口上方中央。

```python
1  # ch9_5.py
2  from tkinter import *
3  def bgUpdate(source):
4      ''' 更改窗口背景颜色 '''
5      red = rSlider.get()                         # 读取red值
6      green = gSlider.get()                       # 读取green值
7      blue = bSlider.get()                        # 读取blue值
8      print("R=%d, G=%d, B=%d" % (red, green, blue))   # 输出色彩数值
9      myColor = "#%02x%02x%02x" % (red, green, blue)   # 将颜色转成十六进制字符串
10     root.config(bg=myColor)                     # 设置窗口背景颜色
11
12 root = Tk()
13 root.title("ch9_5")
14 root.geometry("360x240")
15
16 fm = Frame(root)                                # 创建框架
17 fm.pack()                                       # 自动设置在上方中央
18
19 rSlider = Scale(fm, from_=0, to=255, command=bgUpdate)
20 gSlider = Scale(fm, from_=0, to=255, command=bgUpdate)
21 bSlider = Scale(fm, from_=0, to=255, command=bgUpdate)
22 gSlider.set(125)                                # 设置 green初值是125
23 rSlider.grid(row=0, column=0)
24 gSlider.grid(row=0, column=1)
25 bSlider.grid(row=0, column=3)
26
27 root.mainloop()
```

执行结果

上述程序中在第 16、17 行创建框架 fm 对象，然后第 19 ～ 21 行将色彩尺度条放置在此框架 fm 对象内。

9-2　Spinbox 控件

9-2-1　Spinbox 控件基本概念

Spinbox 控件也是一种输入控件，其实它是一种 Entry 和 Button 的组合体，它允许用户用鼠标单击 up/down 按钮，或是按上箭头 / 下箭头键达到在某一数值区间内增加数值与减少数值的目的。另外，也可以在此直接输入数值。

创建 Spinbox 的构造方法如下。

```
Spinbox(父对象, options, … )
```

Spinbox( ) 方法的第一个参数是父对象，表示这个 Spinbox 将创建在哪一个父对象内。下列是 Spinbox( ) 方法内其他常用的 options 参数。

(1) activebackground：光标在 Spinbox 控件上时的背景颜色。

(2) bg：背景颜色。

(3) borderwidth 或 bd：3D 边界宽度，默认是 2px。

(4) command：当用户更改选项时，会自动执行此函数。

(5) cursor：当光标在 Spinbox 控件上时的光标形状。

(6) disablebackground：在 Disabled 状态时的背景颜色。

(7) disableforeground：在 Disabled 状态时的前景颜色。

(8) fg：文字前景颜色。

(9) font：字形。

(10) format：格式化的字符串。

(11) from_：范围值的初值。

(12) increment：每次单击 up/down 按钮的增加值或减少值的量。

(13) justify：在有多行文本时最后一行的对齐方式，可取值有 LEFT/CENTER/RIGHT(靠左 / 居中 / 靠右)，默认是居中对齐。

(14) relief：默认是 FLAT，可由此更改边界外观。

(15) repeatdelay：可设置单击 up/down 按钮变化数字的间隔时间，单位是 ms，默认是 300。

(16) state：如果设为 DISABLE 则暂时无法使用此 Spinbox 控件，默认是 NORMAL，也可以设为 READONLY。

(17) textvariable：可以设置以变量方式显示。

(18) values：可以是元组或其他序列值。

(19) to：范围值的末端值。

(20) width：对于垂直 Spinbox 这是槽的宽度，对于水平 Spinbox 这是槽的高度。

(21) wrap：单击 up/down 按钮可以让数值重新开始。

(22) xcrollcommand：在 X 轴使用滚动条。

程序实例 ch9_6.py：Spinbox 控件初体验。用户可以单击 up/down 按钮体会增加值或减少值，也可以按上箭头 / 下箭头键体验。这个 Spinbox 的数值区间是 10 ～ 30，每次增加值或减少值的量是 2。

```
1   # ch9_6.py
2   from tkinter import *
3
4   root = Tk()
5   root.title("ch9_6")
6   root.geometry("300x100")
7   spin = Spinbox(root,from_=10,to=30,increment=2)
8   spin.pack(pady=20)
9
10  root.mainloop()
```

执行结果

备注：如果想要用上箭头 / 下箭头键更改数值时，须先将插入点放在数值区。

9-2-2　get( ) 方法的应用

可以使用 get( ) 方法取得目前 Spinbox 的值。

程序实例 ch9_7.py：设计数值区间在 0 ～ 10，每次更改数值 1，每次单击 up/down 按钮时，可以在 Python Shell 窗口中列出目前显示的数值。

```
1  # ch9_7.py
2  from tkinter import *
3
4  def printInfo():          # 输出显示的值
5      print(sp.get())
6
7  root = Tk()
8  root.title("ch9_7")
9
10 sp = Spinbox(root,from_ = 0,to = 10,
11             command = printInfo)
12 sp.pack(pady=10,padx=10)
13
14 root.mainloop()
```

执行结果

下列是 Python Shell 窗口显示的示范输出。

```
==================== RESTART: D:\PythonGUI\ch9\ch9_7.py ====================
1
2
3
4
5
```

9-2-3　以序列存储 Spinbox 的数值数据

其实在使用 Spinbox 时也可以不设置初值和终值，而是将数值存储在序列数据中，例如，元组或列表内，当单击 up/down 按钮时，相当于是观察元组或列表内索引 (index) 内的值。

程序实例 ch9_8.py：以元组存储数值数据，然后单击 up/down 按钮观察执行结果。

```
1  # ch9_8.py
2  from tkinter import *
3
4  def printInfo():                      # 输出显示的值
5      print(sp.get())
6
7  root = Tk()
8  root.title("ch9_8")
9
10 sp = Spinbox(root,
11             values=(10,38,170,101),    # 以元组存储数值
12             command=printInfo)
```

```
13    sp.pack(pady=10,padx=10)
14
15    root.mainloop()
```

执行结果 由于元组内容是 (10,38,170,101)，所以程序启动后出现的值是 10，第一次单击 up 按钮时值是 38，第二次单击 up 按钮时值是 170。

同时 Python Shell 窗口将看到下列结果。

```
==================== RESTART: D:\PythonGUI\ch9\ch9_8.py ====================
38
170
```

9-2-4 非数值数据

我们知道可以使用列表 (list) 或元组 (tuple) 存储序列元素，其实应用在 Spinbox 内，可以是数值数据也可以是非数值数据，例如，字符串。

程序实例 ch9_9.py：重新设计程序实例 ch9_8.py，这次改用列表，同时数据类型是字符串。

```
1   # ch9_9.py
2   from tkinter import *
3
4   def printInfo():                    #输出显示的值
5       print(sp.get())
6
7   root = Tk()
8   root.title("ch9_9")
9   cities = ("新加坡","上海","东京")        #以元组存储数值
10
11  sp = Spinbox(root,
12              values=cities,
13              command=printInfo)
14  sp.pack(pady=10,padx=10)
15
16  root.mainloop()
```

执行结果

同时在 Python Shell 窗口将看到下列结果。

```
==================== RESTART: D:\PythonGUI\ch9\ch9_9.py ====================
上海
东京
```

第 1 0 章

Message 与 Messagebox

本章摘要

本章主要讲解消息 Message 和系统内建的 8 个消息对话框 Messagebox。

10-1 Message

10-1-1 Message 的基本概念

Widget 控件中的 Message 主要是可以显示短消息，它的功能与 Label 类似，但是使用起来更灵活，可自动分行。对于一些不想再做进一步编辑的短文，可以使用 Message 显示。Message 的构造方法如下。

```
Message( 父对象 , options)
```

Message( ) 方法的第一个参数是父对象，表示这个标签将创建在哪一个父对象内。下列是 Message( ) 方法内其他常用的 options 参数。

(1) anchor：如果空间大于所需时，控制消息的位置，默认是 CENTER。

(2) aspect：控件宽度与高度比，默认是 150%。

(3) bg 或 background：背景色彩。

(4) bitmap：使用默认位图作为 Message 内容。

(5) cursor：当光标在 Message 上方时的形状。

(6) fg 或 froeground：字形色彩。

(7) font：可选择字形、字形样式与大小。

(8) height：Message 高度，单位是字符。

(9) image：Message 以图像方式呈现。

(10) justify：在有多行文本时的对齐方式，取值为 LEFT/CENTER/RIGHT(靠左 / 居中 / 靠右)，默认是居中对齐。

(11) padx/pady：Message 文字与边框的间距，单位是 px。

(12) relief：默认是 relief=FLAT，可由此控制文字外框。

(13) text：Message 内容，如果有 "\n" 则可输入多行文字。

(14) textvariable：可以设置 Message 以变量方式显示。

(15) underline：可以设置第几个文字有下画线，从 0 开始算起，默认是 -1，表示无下画线。

(16) width：Message 宽度，单位是字符。

(17) wraplength：文本在多少宽度后换行，单位是 px。

程序实例 ch10_1.py：**Message** 的基本应用。

执行结果

```
1  # ch10_1.py
2  from tkinter import *
3
4  root = Tk()
5  root.title("ch10_1")
6
7  myText = "2016年12月,我一个人订了机票和船票,开始我的南极旅行"
8  msg = Message(root,bg="yellow",text=myText,
9                font="times 12 italic")
10 msg.pack(padx=10,pady=10)
11
12 root.mainloop()
```

10-1-2　使用字符串变量处理参数 text

本节将以实例直接讲解。

程序实例 ch10_2.py：以字符串变量方式处理 Message( ) 内的 text。

执行结果

```
1  # ch10_2.py
2  from tkinter import *
3
4  root = Tk()
5  root.title("ch10_2")
6
7  var = StringVar()
8  msg = Message(root,textvariable=var,relief=RAISED)
9  var.set("2016年12月,我一个人订了机票和船票,开始我的南极旅行")
10 msg.pack(padx=10,pady=10)
11
12 root.mainloop()
```

程序实例 ch10_3.py：扩充上述实例，将背景设为黄色。

执行结果

```
1  # ch10_3.py
2  from tkinter import *
3
4  root = Tk()
5  root.title("ch10_3")
6
7  var = StringVar()
8  msg = Message(root,textvariable=var,relief=RAISED)
9  var.set("2016年12月,我一个人订了机票和船票,开始我的南极旅行")
10 msg.config(bg="yellow")
11 msg.pack(padx=10,pady=10)
12
13 root.mainloop()
```

10-2　Messagebox

Python 中的 tkinter 模块内有 Messagebox 模块，提供了 8 个对话框，这些对话框可以应用在不同场合，本节将分别说明。

(1)showinfo(title,message,options)：显示一般提示消息。

(2)showwarning(title,message,options)：显示警告消息。

(3)showerror(title,message,options)：显示错误消息。

(4)askquestion(title,message,options)：显示询问消息。若单击"是"按钮会传回"yes"，若单击"否"按钮会传回"no"。

(5)askokcancel(title,message,options)：显示确定或取消消息。若单击"确定"按钮会传回 True，若单击"取消"按钮会传回 False。

(6)askyesno(title,message,options)：显示"是或否"消息。若单击"是"按钮会传回 True，若单击"否"按钮会传回 False。

(7)askyesnocancel(title,message,options)：显示"是或否或取消"消息，若单击"是"按钮会传回 True，若单击"否"按钮会传回 False，若单击"取消"按钮会传回 None。

(8)askretrycancel(title,message,options)：显示"重试或取消"消息。若单击"重试"按钮会传回 True，若单击"取消"按钮会传回 False。

上述对话框方法内的参数大致相同，title 是对话框的名称，message 是对话框内的文字，options 是选择性参数，可能值有下列三种。

(1)default constant：默认按钮是 OK（确定）、Yes（是）、Retry（重试）在前面，也可更改此设定。

(2)icon(constant)：可 设 定 所 显 示

的图标，有 INFO、ERROR、QUESTION、WARNING 4 种图标可以设置。

(3)parent(widget)：指出当对话框关闭时，焦点窗口将返回此父窗口。

最后要留意的是上述对话框是放在 tkinter 模块内的 message 模块下，所以若是要使用这些默认的对话框需要在程序开头增加下列导入语句。

```
from tkinter import messagebox
```

程序实例 ch10_4.py：对话框设计的基本应用。

```
1  # ch10_4.py
2  from tkinter import *
3  from tkinter import messagebox
4
5  def myMsg():                          # 单击Good Morning按钮时执行
6      messagebox.showinfo("My Message Box","Python tkinter早安")
7
8  window = Tk()
9  window.title("ch10_4")               # 窗口标题
10 window.geometry("300x160")           # 窗口宽300，高160
11
12 Button(window,text="Good Morning",command=myMsg).pack()
13
14 window.mainloop()
```

执行结果

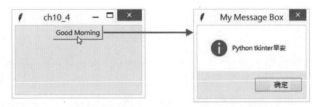

使用 Messagebox 时，可以很容易创建和用户之间的对话，当用户单击按钮时，所响应的内容虽然已经说明过了，但是下面还是以设计程序行演示出用户单击按钮时所传回的信息。

程序实例 ch10_5.py：设计两个按钮，当单击按钮时会弹出对话框，当用户有响应时，在 Python Shell 窗口中列出所响应的内容。

```
1  # ch10_5.py
2  from tkinter import *
3  from tkinter import messagebox
4
5  def myMsg1():
6      ret = messagebox.askretrycancel("Test1","安装失败,再试一次?")
7      print("安装失败",ret)
8  def myMsg2():
9      ret = messagebox.askyesnocancel("Test2","编辑完成,是或否或取消?")
10     print("编辑完成",ret)
11 root = Tk()
12 root.title("ch10_5")                 # 窗口标题
13
14 Button(root,text="安装失败",command=myMsg1).pack()
15 Button(root,text="编辑完成",command=myMsg2).pack()
16
17 root.mainloop()
```

执行结果 下列是两个实测结果。

有了用户单击按钮的传回值，就可以针对返回值做更进一步的操作了。

11

第 11 章

事件 Events 和绑定 Bindings

本章摘要

其实 GUI 程序是一种事件导向的应用程序设计，事件的来源可能是用户单击鼠标、键盘输入或是 Widget 状态改变。tkinter 提供一些机制让我们可以针对这些事件做做更进一步的处理，这些处理的方式称为事件处理程序。

11-1　Widget 的 command 参数

前面介绍了许多 Widget 控件，在许多 Widget 的构造方法内可以看到 command 参数，例如，功能按钮 (Button)、数值滚动条 (Scale) 等。其实这就是一个 Widget 的事件绑定的概念，当按钮事件发生、当数值滚动条值改变……就可以通过 command=callback 设计 callback( ) 函数，这个 callback( ) 函数就是事件处理程序。

下列程序是对前面概念的复习。

程序实例 ch11_1.py：当单击功能按钮或是选择复选框时，窗口下方会做出所执行的动作，所利用的就是 Widget 控件构造方法内的 command 参数。

```
1   # ch11_1.py
2   from tkinter import *
3   def pythonClicked():                # Python复选框事件处理程序
4       if varPython.get():
5           lab.config(text="Select Python")
6       else:
7           lab.config(text="Unselect Python")
8   def javaClicked():                  # Java复选框事件处理程序
9       if varJava.get():
10          lab.config(text="Select Java")
11      else:
12          lab.config(text="Unselect Java")
13  def buttonClicked():                # Button按钮事件处理程序
14      lab.config(text="Button clicked")
15
16  root = Tk()
17  root.title("ch11_1")                # 窗口标题
18  root.geometry("300x180")            # 窗口宽300，高180
19
20  btn = Button(root,text="Click me",command=buttonClicked)
21  btn.pack(anchor=W)
22  varPython = BooleanVar()
23  cbnPython = Checkbutton(root,text="Python",variable=varPython,
24                      command=pythonClicked)
25  cbnPython.pack(anchor=W)
26  varJava = BooleanVar()
27  cbnJava = Checkbutton(root,text="Java",variable=varJava,
28                      command=javaClicked)
29  cbnJava.pack(anchor=W)
30  lab = Label(root,bg="yellow",fg="blue",
31              height=2,width=12,
32              font="Times 16 bold")
33  lab.pack()
34
35  root.mainloop()
```

执行结果

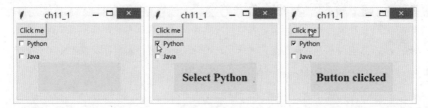

11-2 事件绑定

在 tkinter 应用程序中最后一个指令是 mainloop( )，这个方法是让程序进入事件等待循环，除了如 11-1 节的 Widget 控件状态改变可以调用相对应的事件处理程序外，tkinter 也提供了为事件绑定处理程序的机制。它的语法格式如下。

```
widget.bind(event,handler)
```

上述绑定语法中 widget 是事件的来源，可以是 root 窗口对象，或是任意的 Widget 控件，例如，功能按钮、单选按钮、复选框……handler 是事件处理程序。

鼠标相关的事件如下表所示。

鼠标事件	说明
<Button-1>	单击鼠标左键，光标相对控件位置会被存入事件对象的 x 和 y 变量
<Button-2>	单击鼠标中键（鼠标含三个键），光标相对控件位置会被存入事件对象的 x 和 y 变量
<Button-3>	右击，光标相对控件位置会被存入事件对象的 x 和 y 变量
<Button-4>	鼠标滑轮向上滚动，光标相对控件位置会被存入事件对象的 x 和 y 变量
<Button-5>	鼠标滑轮向下滚动，光标相对控件位置会被存入事件对象的 x 和 y 变量
<Motion>	鼠标移动，光标相对控件位置会被存入事件对象的 x 和 y 变量
<B1-Motion>	拖曳，按住鼠标左键再移动鼠标，光标相对控件位置会被存入事件对象的 x 和 y 变量
<B2-Motion>	拖曳，按住鼠标中键再移动鼠标，光标相对控件位置会被存入事件对象的 x 和 y 变量
<B3-Motion>	拖曳，按住鼠标右键再移动鼠标，光标相对控件位置会被存入事件对象的 x 和 y 变量
<ButtonRelease-1>	放开鼠标左键，光标相对控件位置会被存入事件对象的 x 和 y 变量
<ButtonRelease-2>	放开鼠标中键，光标相对控件位置会被存入事件对象的 x 和 y 变量
<ButtonRelease-3>	放开鼠标右键，光标相对控件位置会被存入事件对象的 x 和 y 变量
<Double-Button-1>	连按两下鼠标左键，光标相对控件位置会被存入事件对象的 x 和 y 变量

（续表）

鼠标事件	说明
<Double-Button-2>	连按两下鼠标中键，光标相对控件位置会被存入事件对象的 x 和 y 变量
<Double-Button-3>	连按两下鼠标右键，光标相对控件位置会被存入事件对象的 x 和 y 变量
<Enter>	光标进入 Widget 控件
<Leave>	光标离开 Widget 控件

键盘相关的事件如下表所示。

键盘事件	说明
<FocusIn>	键盘焦点进入 Widget 控件
<FocusOut>	键盘焦点离开 Widget 控件
<Return>	按 Enter 键，键盘所有键都可以被绑定，例如，Cancel、BackSpace、Tab、Shift、Ctrl、Alt、End、Esc、Next(PageDown)、Prior(PageUp)、Home、End、Right、Left、Up、Down、F1 ～ F12、Scroll Lock、Num Lock
<Key>	按下某键盘键，键值会被存储在 event 对象中传递
<Shift-Up>	按住 Shift 键时按下 Up 键
<Alt-Up>	按住 Alt 键时按下 Up 键
<Ctrl-Up>	按住 Ctrl 键时按下 Up 键

控件相关的事件如下表所示。

控件事件	说明
<Configure>	更改 Widget 控件的大小和位置，新控件大小的 width 与 height 会存储在 event 对象内

了解了以上事件绑定后，其实我们已经可以试着学习自我设计事件绑定处理程序，同时将事件处理程序与一般事件绑在一起。我们从先前的学习中可以知道，单击功能按钮时可以执行某个动作，所使用的是在 Button( ) 内增加 command 参数，然后单击功能按钮时让程序执行 command 所指定的方法。

其实设计功能按钮程序时，若是在 Button( ) 内省略 command 参数，所产生的影响是单击功能按钮时没有动作。然后可以使用本节的知识重新让单击功能按钮有动作产生，假设功能按钮对象是 btn，可以使用下列方式创建单击与事件的绑定。

```
btn.bind("<Button-1>", event_handler)
```

程序实例 ch11_1_1.py：重新设计程序实例 ch11_1.py，使用事件绑定方式让单击 Click me 按钮后可以列出 "Button clicked" 字符串。对这个程序而言，功能按钮就是 bind( ) 方法的事件来源，所以第 22 行用 btn.bind( ) 创建绑定工作。

```
1   # ch11_1_1.py
2   from tkinter import *
3   def pythonClicked():                    # Python复选框事件处理程序
4       if varPython.get():
5           lab.config(text="Select Python")
6       else:
7           lab.config(text="Unselect Python")
8   def javaClicked():                      # Java复选框事件处理程序
9       if varJava.get():
10          lab.config(text="Select Java")
11      else:
12          lab.config(text="Unselect Java")
13  def buttonClicked(event):               # Button按钮事件处理程序
14      lab.config(text="Button clicked")
15
16  root = Tk()
17  root.title("ch11_1_1")                  # 窗口标题
18  root.geometry("300x180")                # 窗口宽300,高180
19
20  btn = Button(root,text="Click me")
21  btn.pack(anchor=W)
22  btn.bind("<Button-1>",buttonClicked)    # 单击Click me绑定buttonClicked方法
23
24  varPython = BooleanVar()
25  cbnPython = Checkbutton(root,text="Python",variable=varPython,
26                          command=pythonClicked)
27  cbnPython.pack(anchor=W)
28  varJava = BooleanVar()
29  cbnJava = Checkbutton(root,text="Java",variable=varJava,
30                        command=javaClicked)
31  cbnJava.pack(anchor=W)
32  lab = Label(root,bg="yellow",fg="blue",
33              height=2,width=12,
34              font="Times 16 bold")
35  lab.pack()
36
37  root.mainloop()
```

执行结果　与程序实例 ch11_1.py 相同。

11-2-1　鼠标绑定基本应用

程序实例 ch11_2.py：鼠标事件的基本应用，这个程序在执行时会创建 300×180 大小的窗口，当单击鼠标左键时，在 Python Shell 窗口中会列出单击事件时的坐标。

```
1   # ch11_2.py
2   from tkinter import *
3   def callback(event):                    # 事件处理程序
4       print("Clicked at", event.x, event.y)   # 打印坐标
5
6   root = Tk()
7   root.title("ch11_2")
8   frame = Frame(root,width=300,height=180)
9   frame.bind("<Button-1>",callback)       # 单击绑定callback
10  frame.pack()
11
12  root.mainloop()
```

执行结果

下面是 Python Shell 示范输出界面。

```
==================== RESTART: D:\PythonGUI\ch11\ch11_2.py ====================
Clicked at 105 78
Clicked at 201 56
Clicked at 207 123
Clicked at 43 31
```

在程序第 3 行绑定的事件处理程序中必须留意，callback(event) 需有参数 event，event 名称可以自定义，这是因为事件会传递事件对象给此事件处理程序。

程序实例 ch11_2_1.py：移动鼠标时可以在窗口右下方看到光标目前的坐标。

```
1   # ch11_2_1.py
2   from tkinter import *
3   def mouseMotion(event):                    #  鼠标移动
4       x = event.x
5       y = event.y
6       textvar = "Mouse location - x:{}, y:{}".format(x,y)
7       var.set(textvar)
8
9   root = Tk()
10  root.title("ch11_2_1")                     # 窗口标题
11  root.geometry("300x180")                   # 窗口宽300，高180
12
13  x, y = 0, 0                                 # x,y坐标
14  var = StringVar()
15  text = "Mouse location - x:{}, y:{}".format(x,y)
16  var.set(text)
17
18  lab = Label(root,textvariable=var)  # 创建标签
19  lab.pack(anchor=S,side=RIGHT,padx=10,pady=10)
20
21  root.bind("<Motion>",mouseMotion)    # 增加事件处理程序
22
23  root.mainloop()
```

程序实例 ch11_3.py：这个程序在执行时，如果鼠标光标进入 Exit 功能按钮，会在黄色底的标签区域显示"鼠标进入 Exit 功能按钮"，如果光标离开 Exit 功能按钮，会在黄色底的标签区域显示"鼠标离开 Exit 功能按钮"，如果单击 Exit 按钮，程序结束。

```
1   # ch11_3.py
2   from tkinter import *
3   def enter(event):                          # Enter事件处理程序
4       x.set("光标进入Exit功能按钮")
5   def leave(event):                          # Leave事件处理程序
6       x.set("光标离开Exit功能按钮")
7
8   root = Tk()
9   root.title("ch11_3")
10  root.geometry("300x180")
11
12  btn = Button(root,text="Exit",command=root.destroy)
13  btn.pack(pady=30)
14  btn.bind("<Enter>",enter)                  # 进入绑定enter
15  btn.bind("<Leave>",leave)                  # 离开绑定leave
16
17  x = StringVar()
18  lab = Label(root,textvariable=x,           # 标签区域
19              bg="yellow",fg="blue",
20              height = 4, width=15,
21              font="Times 12 bold")
22  lab.pack(pady=30)
23
24  root.mainloop()
```

11-2-2　键盘绑定基本应用

程序实例 ch11_4.py：这是一个测试键盘绑定的程序，在执行时会出现窗口，若是按 Esc 键，将出现对话框询问是否离开，单击"是"按钮可以离开程序，单击"否"按钮程序继续。

```
1  # ch11_4.py
2  from tkinter import *
3  from tkinter import messagebox
4
5  def leave(event):                        # 按Esc键事件处理程序
6      ret = messagebox.askyesno("ch11_4","是否离开?")
7      if ret == True:
8          root.destroy()                   # 结束程序
9      else:
10         return
11
12  root = Tk()
13  root.title("ch11_4")
14
15  root.bind("<Escape>",leave)              # Esc键绑定leave函数
16  lab = Label(root,text="测试Esc键",       # 标签区域
17              bg="yellow",fg="blue",
18              height = 4, width=15,
19              font="Times 12 bold")
20  lab.pack(padx=30,pady=30)
21
22  root.mainloop()
```

执行结果

程序实例 ch11_5.py：这个程序在执行时用于绑定事件 key，整个程序执行时会将所按 a … z 键打印出来。这个程序第 4 行使用了比较少使用的 repr( ) 函数，这个函数会将参数处理成字符串。

```
1  # ch11_5.py
2  from tkinter import *
3  def key(event):                    # 处理键盘按a~z键
4      print("按了 " + repr(event.char) + " 键")
5
6  root = Tk()
7  root.title("ch11_5")
8
9  root.bind("<Key>",key)             # <Key>键绑定key函数
10
11  root.mainloop()
```

执行结果

下列是笔者按了一个非 a ～ z 键和 a、k、g 键的结果。

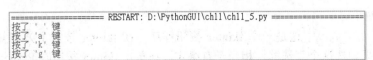

```
====================== RESTART: D:\PythonGUI\ch11\ch11_5.py ======================
按了 ' ' 键
按了 'a' 键
按了 'k' 键
按了 'g' 键
```

11-2-3　键盘与鼠标事件绑定的陷阱

在第 8 章学习了框架 Frame 的概念，框架本身是一个 Widget 控件，在使用框架时需特别小心获得焦点的概念，当事件绑定与 Frame 有关时，必须在 Frame 获得焦点时，键盘绑定才可生效。

程序实例 ch11_6.py：键盘与鼠标绑定 Frame 对象的应用。

```
1   # ch11_6.py
2   from tkinter import *
3   def key(event):                       # 列出所按的键
4       print("按了 " + repr(event.char) + " 键")
5
6   def coordXY(event):                   # 列出鼠标坐标
7       frame.focus_set()                 # frame对象取得焦点
8       print("鼠标坐标 : ", event.x, event.y)
9
10  root = Tk()
11  root.title("ch11_6")
12
13  frame = Frame(root, width=100, height=100)
14  frame.bind("<Key>", key)              # frame对象的<Key>绑定key
15  frame.bind("<Button-1>", coordXY)     # frame对象单击绑定coordXY
16  frame.pack()
17
18  root.mainloop()
```

执行结果　这个程序在执行时必须将光标放在窗口内，先用鼠标单击，这时第 7 行同时使用 frame.focus_set( ) 让 Widget 控件 frame 获得焦点，然后按键才可以动作。

下面是示范输出界面。

```
==================== RESTART: D:\PythonGUI\ch11\ch11_6.py ====================
鼠标坐标 :  30 40
按了 'a' 键
按了 's' 键
按了 'd' 键
```

至于程序实例 ch11_5.py 在一开始时即可执行，原因是此程序是在 root 窗口执行绑定，在程序被启动时此窗口已经获得焦点。

11-3　取消绑定

取消绑定 obj 的方法如下。

```
obj.unbind("<xxx>")     # <xxx> 是绑定方式
```

程序实例 ch11_7.py：这是一个 tkinter 按钮程序，在 tkinter 按钮下方有复选框 bind/unbind。如果勾选这个复选框，相当于有绑定，在单击 tkinter 按钮时 Python Shell 会列出字符串"I like tkinter"。如果没有选择这个复选框，相当于没有绑定，在单击 tkinter 按钮时 Python Shell 没有任何动作产生。

```
1   # ch11_7.py
2   from tkinter import *
3   def buttonClicked(event):              # Button按钮事件处理程序
4       print("I like tkinter")
5
6   # 所传递的对象onoff是btn对象
7   def toggle(onoff):                     # 切换绑定
8       if var.get() == True:              # 如果为True则绑定
9           onoff.bind("<Button-1>",buttonClicked)
10      else:                              # 如果为False则不绑定
11          onoff.unbind("<Button-1>")
12
13  root = Tk()
14  root.title("ch11_7")                   # 窗口标题
15  root.geometry("300x180")               # 窗口宽300，高180
16
17  btn = Button(root,text="tkinter")      # 创建按钮tkinter
18  btn.pack(anchor=W,padx=10,pady=10)
19
20  var = BooleanVar()                     # 创建复选框
21  cbtn = Checkbutton(root,text="bind/unbind",variable=var,
22                  command=lambda:toggle(btn))
23  cbtn.pack(anchor=W,padx=10)
24
25  root.mainloop()
```

执行结果

当按钮与复选框绑定时，单击 tkinter 按钮会在 Python Shell 窗口中打印两行"I like tkinter"字符串。

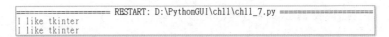
```
==================== RESTART: D:\PythonGUI\ch11\ch11_7.py ====================
I like tkinter
I like tkinter
```

11-4 一个事件绑定多个事件处理程序

之前程序中使用 bind( ) 方法时可以绑定一个事件处理程序，tkinter 也允许我们执行一个事件绑定多个事件处理程序，同样是使用 bind( ) 方法，但是新增加的事件处理程序需要在 bind( ) 方法内增加参数 add="+"。

程序实例 ch11_8.py：一个单击功能按钮动作，会有两个事件处理程序做出响应。

```
1   # ch11_8.py
2   from tkinter import *
3   def btnClicked1():                     # Button按钮事件处理程序1
4       print("Command event handler, I like tkinter")
5   def btnClicked2(event):                # Button按钮事件处理程序2
6       print("Bind event handler, I like tkinter")
7
8   root = Tk()
9   root.title("ch11_8")                   # 窗口标题
10  root.geometry("300x180")               # 窗口宽300，高180
11
12  btn = Button(root,text="tkinter",      # 创建按钮tkinter
13                  command=btnClicked1)
14  btn.pack(anchor=W,padx=10,pady=10)
15  btn.bind("<Button-1>",btnClicked2,add="+")  # 增加事件处理程序
16
17  root.mainloop()
```

执行结果

若单击 tkinter 功能按钮，可以在 Python Shell 窗口中看到执行两个事件处理程序的结果。

```
==================== RESTART: D:\PythonGUI\ch11\ch11_8.py ====================
Bind event handler, I like tkinter
Command event handler, I like tkinter
```

从上述我们也发现了当单击按钮事件发生时，程序会先执行 bind( ) 绑定的程序，然后再执行 Button( ) 内 command 指定的程序。

11-5 Protocols

Protocols 可以翻译为通信协议，在 tkinter 内可以解释为窗口管理程序 (Windows Manager) 与应用程序 (Application) 之间的通信协议。tkinter 也支持使用绑定概念更改此通信协议。

程序实例 ch11_9.py：单击通信协议 (Protocols) 内容窗口右上角的 × 按钮可以关闭窗口，它的名称是 WM_DELETE_WINDOW。这个程序会修改此协议，改为单击此按钮后增加 Messagebox，询问"结束或取消"，若是单击"确定"按钮才会结束此程序。

```
1   # ch11_9.py
2   from tkinter import *
3   from tkinter import messagebox
4
5   def callback():
6       res = messagebox.askokcancel("OKCANCEL","结束或取消?")
7       if res == True:
8           root.destroy()
9       else:
10          return
11
12  root = Tk()
13  root.title("ch11_9")
14  root.geometry("300x180")
15  root.protocol("WM_DELETE_WINDOW",callback)   # 更改协议绑定
16
17  root.mainloop()
```

执行结果

第 12 章

列表框 Listbox 与滚动条 Scrollbar

列表框 (Listbox) 是一个显示一系列选项的 Widget 控件，用户可以进行单项或多项的选择。

12-1　创建列表框

Listbox 的使用格式如下。

```
Listbox ( 父对象 , options , … )
```

Listbox( ) 方法的第一个参数是父对象，表示这个列表框将创建在哪一个父对象内。下列是 Listbox( ) 方法内其他常用的 options 参数。

(1) bg 或 background：背景颜色。

(2) borderwidth 或 bd：边界宽度，默认是 2px。

(3) cursor：当光标在列表框上时的光标形状。

(4) fg 或 froeground：字形色彩。

(5) font：字形。

(6) height：高，单位是字符，默认是 10。

(7) highlightcolor：当列表框获得焦点时的颜色。

(8) highlightthickness：当列表框获得焦点时的厚度。

(9) listvariable：以变量方式处理选项内容。

(10) relief：默认是 relief=FLAT，可由此控制列表框外框，默认是 SUNKEN。

(11) selectbackground：被选取字符串的背景颜色。

(12) selectmode：可以决定有多少选项可以被选，以及鼠标拖曳如何影响选项。

(13) BROWSE：这是默认值，可以选择一个选项，如果选择一个选项同时拖曳鼠标，将造成选项最后的位置是被选择的项目位置。

(14) SINGLE：只能选择一个选项，可以用单击方式选取，不可以用拖曳方式更改所选的项目。

(15) MULTIPLE：可以选择多个选项，单击项目可以切换是否选择该项。

(16) EXTENDED：单击第一个项目然后拖曳到最后一个项目，即可选择这个区间的一系列选项。单击可以选择第一个项目，此时若是按住 Shift 键并单击另一个项目，可以选择区间项目。

(17) width：宽，单位是字符。

(18) xcrollcommand：在 X 轴使用滚动条。

(19) ycrollcommand：在 Y 轴使用滚动条。

程序实例 ch12_1.py：创建列表框 1，然后使用字符高度 5 创建列表框 2。

```python
1  # ch12_1.py
2  from tkinter import *
3
4  root = Tk()
5  root.title("ch12_1")                          # 窗口标题
6  root.geometry("300x210")                      # 窗口宽300,高210
7
8  lb1 = Listbox(root)                           # 创建listbox1
9  lb1.pack(side=LEFT,padx=5,pady=10)
10 lb2 = Listbox(root,height=5,relief="raised")  # 创建listbox2
11 lb2.pack(anchor=N,side=LEFT,padx=5,pady=10)
12
13 root.mainloop()
```

执行结果

12-2　创建列表框项目 insert( )

可以使用 insert( ) 方法为列表框**创建**项目，这个方法的使用格式如下：

```
insert(index, elements)
```

上述 index 是项目插入位置，如果是插在最后面可以使用 END。

程序实例 ch12_2.py：创建列表框，同时为这个列表框创建 Banana、Watermelon、Pineapple 三个项目。

```python
1  # ch12_2.py
2  from tkinter import *
3
4  root = Tk()
5  root.title("ch12_2")                  # 窗口标题
6  root.geometry("300x210")              # 窗口宽300,高210
7
8  lb = Listbox(root)                    # 创建Listbox
9  lb.insert(END,"Banana")
10 lb.insert(END,"Watermelon")
11 lb.insert(END,"Pineapple")
12 lb.pack(pady=10)
13
14 root.mainloop()
```

执行结果

选择 Watermelon

上述程序中第 9 ~ 11 行是创建列表项目，因为只有三个项目所以使用上述方式一次创建一个还不会太复杂，但是如果所要**创建**的项目很多时，建议使用 list 方式先存储项目，然后使用 for … in 循环方式将 list 内的列表项目插入列表框。

程序实例 12_3.py：创建含 6 个项目的列表框，程序第 3、4 行是创建 fruits 列表，第

11、12 行是分别将列表元素插入列表框内。

```
1   # ch12_3.py
2   from tkinter import *
3   fruits = ["Banana","Watermelon","Pineapple",
4            "Orange","Grapes","Mango"]
5
6   root = Tk()
7   root.title("ch12_3")              # 窗口标题
8   root.geometry("300x210")          # 窗口宽300,高210
9
10  lb = Listbox(root)                # 创建Listbox
11  for fruit in fruits:              # 创建水果项目
12      lb.insert(END,fruit)
13  lb.pack(pady=10)
14
15  root.mainloop()
```

程序实例 ch12_4.py：重新设计程序实例 ch12_3.py，主要是在第 10 行使用 Listbox( ) 构造方法时增加 selectmode=MULTIPLE 参数设置，这个设置可以让用户选择多个项目。

```
1   # ch12_4.py
2   from tkinter import *
3   fruits = ["Banana","Watermelon","Pineapple",
4            "Orange","Grapes","Mango"]
5
6   root = Tk()
7   root.title("ch12_4")                      # 窗口标题
8   root.geometry("300x210")                  # 窗口宽300,高210
9
10  lb = Listbox(root,selectmode=MULTIPLE)    # 创建可以多选的listbox
11  for fruit in fruits:                      # 创建水果项目
12      lb.insert(END,fruit)
13  lb.pack(pady=10)
14
15  root.mainloop()
```

选择多个选项

程序实例 ch12_5.py：使用 selectmode=EXTENDED 参数，重新设计程序实例 ch12_4.py，此时可以用拖曳的方式选择区间项目。如果先单击一个项目，然后按住 Shift 键并单击另一个项目，可以选择这个区间内的项目。

```
1   # ch12_5.py
2   from tkinter import *
3   fruits = ["Banana","Watermelon","Pineapple",
4            "Orange","Grapes","Mango"]
5
6   root = Tk()
7   root.title("ch12_5")              # 窗口标题
8   root.geometry("300x210")          # 窗口宽300,高210
9
```

```
10  lb = Listbox(root,selectmode=EXTENDED)    # 拖曳可以选择多个选项
11  for fruit in fruits:                      # 创建水果项目
12      lb.insert(END,fruit)
13  lb.pack(pady=10)
14
15  root.mainloop()
```

执行结果

目前插入的选项都是插在最后面，所以语法是 insert(END,elements)，其实第一个参数是索引值，如果将 END 改为 ACTIVE，表示是在目前选项前面加入一个项目，如果尚未选择选项则此 ACTIVE 是 0。

程序实例 ch12_6.py：先创建三个选项，然后使用 insert(ACTIVE,elements …) 在目前选项前方创建另外三个选项。

```
1   # ch12_6.py
2   from tkinter import *
3   fruits = ["Banana","Watermelon","Pineapple"]
4
5   root = Tk()
6   root.title("ch12_6")                           # 窗口标题
7   root.geometry("300x210")                       # 窗口宽300,高210
8
9   lb = Listbox(root,selectmode=EXTENDED)         # 拖曳可以选择多个选项
10  for fruit in fruits:                           # 创建水果项目
11      lb.insert(END,fruit)
12  lb.insert(ACTIVE,"Orange","Grapes","Mango")    # 前面补充创建三个项目
13  lb.pack(pady=10)
14
15  root.mainloop()
```

执行结果

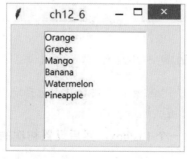

读者请留意第 12 行一次插入了三个项目的方式。

12-3　Listbox 的基本操作

本节将介绍下列常用的 Listbox 控件操作的方法。

(1) size( )：传回列表项目的数量，可参考 12-3-1 节。

(2) selection_set( )：选择特定索引项，可参考 12-3-2 节。

(3) delete( )：删除特定索引项，可参考 12-3-3 节。

(4) get( )：传回指定索引项，可参考 12-3-4 节。

(5) curselection( )：传回选择项目的索引，可参考 12-3-5 节。

(6) selection_include( )：检查指定索引是否被选择，可参考 12-3-6 节。

12-3-1　列出列表框的选项数量 size( )

这个方法可以列出选项数目。

程序实例 ch12_7.py：参考程序实例 ch12_5.py 创建列表框，然后列出列表框中的项目数量。

```
1   # ch12_7.py
2   from tkinter import *
3   fruits = ["Banana","Watermelon","Pineapple",
4             "Orange","Grapes","Mango"]
5
6   root = Tk()
7   root.title("ch12_7")                    # 窗口标题
8   root.geometry("300x210")                # 窗口宽300, 高210
9
10  lb = Listbox(root,selectmode=EXTENDED)  # 拖曳可以选择多个选项
11  for fruit in fruits:                    # 创建水果项目
12      lb.insert(END,fruit)
13  lb.pack(pady=10)
14  print("items数字 : ", lb.size())        # 列出选项数量
15
16  root.mainloop()
```

执行结果　下列是 Python Shell 窗口的执行结果。

```
=================== RESTART: D:\PythonGUI\ch12\ch12_7.py ===================
items数字 :  6
```

12-3-2　选择特定索引项 selection_set( )

如果 selection_set( ) 方法内含一个参数，表示选择这个索引项，这个功能常被用于在创建好 Listbox 后，设置初次选择的项目。

程序实例 ch12_8.py：创建一个 Listbox，然后设置初次的选择项目是索引为 0 的项目，读者需留意第 14 行。

```
1  # ch12_8.py
2  from tkinter import *
3  fruits = ["Banana","Watermelon","Pineapple",
4           "Orange","Grapes","Mango"]
5
6  root = Tk()
7  root.title("ch12_8")                    # 窗口标题
8  root.geometry("300x210")                # 窗口宽300,高210
9
10 lb = Listbox(root)
11 for fruit in fruits:
12     lb.insert(END,fruit)                # 创建水果项目
13 lb.pack(pady=10)
14 lb.selection_set(0)                     # 默认选择第0个项目
15
16 root.mainloop()
```

如果在 selection_set( ) 方法内有两个参数时，则表示选择区间选项，第一个参数是区间的起始索引项，第二个参数是区间的结束索引项。

程序实例 ch12_9.py：创建一个 Listbox，然后设定初次的选择项目是索引为 0 ~ 3 的项目，读者需留意第 14 行。

```
1  # ch12_9.py
2  from tkinter import *
3  fruits = ["Banana","Watermelon","Pineapple",
4           "Orange","Grapes","Mango"]
5
6  root = Tk()
7  root.title("ch12_9")                         # 窗口标题
8  root.geometry("300x210")                     # 窗口宽300,高210
9
10 lb = Listbox(root,selectmode=EXTENDED)       # 拖曳可以选择多个选项
11 for fruit in fruits:                         # 创建水果项目
12     lb.insert(END,fruit)
13 lb.pack(pady=10)
14 lb.selection_set(0,3)                        # 预设选择第0~3索引项
15
16 root.mainloop()
```

12-3-3　删除特定索引项 delete( )

如果 delete( ) 方法内含一个参数，表示删除这个索引项。

程序实例 ch12_10.py：创建 Listbox 后删除索引为 1 的项目，原先索引为 1 的项目是 Watermelon，经执行后将没有显示，因为已经被删除了，读者需留意第 14 行。

```
1  # ch12_10.py
2  from tkinter import *
3  fruits = ["Banana","Watermelon","Pineapple",
4           "Orange","Grapes","Mango"]
5
6  root = Tk()
7  root.title("ch12_10")                   # 窗口标题
8  root.geometry("300x210")                # 窗口宽300,高210
9
10 lb = Listbox(root)
11 for fruit in fruits:                    # 创建水果项目
12     lb.insert(END,fruit)
13 lb.pack(pady=10)
14 lb.delete(1)                            # 删除索引为1的项目
15
16 root.mainloop()
```

如果在 delete( ) 方法内有两个参数时，则表示删除区间选项，第一个参数是区间的起始索引项，第二个参数是区间的结束索引项。

程序实例 ch12_11.py：**创建一个 Listbox，然后删除索引为 1 ～ 3 的项目，读者需留意第 14 行。**

```
1   # ch12_11.py
2   from tkinter import *
3   fruits = ["Banana","Watermelon","Pineapple",
4             "Orange","Grapes","Mango"]
5
6   root = Tk()
7   root.title("ch12_11")              # 窗口标题
8   root.geometry("300x210")           # 窗口宽300,高210
9
10  lb = Listbox(root)
11  for fruit in fruits:               # 创建水果项目
12      lb.insert(END,fruit)
13  lb.pack(pady=10)
14  lb.delete(1,3)                     # 删除索引为1~3的项目
15
16  root.mainloop()
```

执行结果

12-3-4　传回指定的索引项 get( )

如果 get( ) 方法内含一个参数，表示传回这个索引项的元素内容。

程序实例 ch12_12.py：**创建 Listbox 后，传回索引为 1 的项目。**

```
1   # ch12_12.py
2   from tkinter import *
3   fruits = ["Banana","Watermelon","Pineapple",
4             "Orange","Grapes","Mango"]
5
6   root = Tk()
7   root.title("ch12_12")              # 窗口标题
8   root.geometry("300x210")           # 窗口宽300,高210
9
10  lb = Listbox(root)
11  for fruit in fruits:               # 创建水果项目
12      lb.insert(END,fruit)
13  lb.pack(pady=10)
14  print(lb.get(1))                   # 输出索引为1的项目
15
16  root.mainloop()
```

执行结果

```
================ RESTART: D:\PythonGUI\ch12\ch12_12.py ==================
Watermelon
```

如果在 get( ) 方法内有两个参数时，则表示传回区间选项，第一个参数是区间的起始索引项，第二个参数是区间的结束索引项，所传回的值用元组方式传回。

程序实例 ch12_13.py：创建 Listbox 后，传回索引为 1 ～ 3 的项目。

```
1   # ch12_13.py
2   from tkinter import *
3   fruits = ["Banana","Watermelon","Pineapple",
4             "Orange","Grapes","Mango"]
5
6   root = Tk()
7   root.title("ch12_13")              # 窗口标题
8   root.geometry("300x210")           # 窗口宽300，高210
9
10  lb = Listbox(root)
11  for fruit in fruits:               #  创建水果项目
12      lb.insert(END,fruit)
13  lb.pack(pady=10)
14  print(lb.get(1,3))                 # 打印索引为1~3的项目
15
16  root.mainloop()
```

执行结果

```
==================== RESTART: D:\PythonGUI\ch12\ch12_13.py ====================
('Watermelon', 'Pineapple', 'Orange')
```

12-3-5　传回所选择项目的索引 curselection( )

这个方法会传回所选择项目的索引。

程序实例 ch12_14.py：创建列表框，当选择选项时，若单击 Print 按钮可以在 Python Shell 窗口中打印所选择的内容。读者需留意程序第 4 行是获得所选的索引项，如果所选项目超过两个则会有元组传回，所以第 5、6 行可以列出所选择索引项的内容。

```
1   # ch12_14.py
2   from tkinter import *
3   def callback():                    # 输出所选的项目
4       indexs = lb.curselection()
5       for index in indexs:           # 取得索引值
6           print(lb.get(index))       # 输出所选的项目
7   fruits = ["Banana","Watermelon","Pineapple",
8             "Orange","Grapes","Mango"]
9
10  root = Tk()
11  root.title("ch12_14")              # 窗口标题
12  root.geometry("300x250")           # 窗口宽300,高250
13
14  lb = Listbox(root,selectmode=MULTIPLE)
15  for fruit in fruits:               # 创建水果项目
16      lb.insert(END,fruit)
17  lb.pack(pady=5)
18  btn = Button(root,text="Print",command=callback)
19  btn.pack(pady=5)
20
21  root.mainloop()
```

执行结果

12-3-6　检查指定索引项是否被选择 selection_includes( )

如果指定索引项被选择会传回 True，否则传回 False。

程序实例 ch12_15.py：检查索引 3 的项目是否被选择，如果被选择，则应单击 Check
按钮可以显示 True，否则显示 False。

```
1   # ch12_15.py
2   from tkinter import *
3   def callback():                      # 输出检查结果
4       print(lb.selection_includes(3))
5
6   fruits = ["Banana","Watermelon","Pineapple",
7             "Orange","Grapes","Mango"]
8
9   root = Tk()
10  root.title("ch12_15")                # 窗口标题
11  root.geometry("300x250")             # 窗口宽300,高250
12
13  lb = Listbox(root,selectmode=MULTIPLE)
14  for fruit in fruits:                 # 创建水果项目
15      lb.insert(END,fruit)
16  lb.pack(pady=5)
17  btn = Button(root,text="Check",command=callback)
18  btn.pack(pady=5)
19
20  root.mainloop()
```

执行结果

12-4 Listbox 与事件绑定

12-4-1 虚拟绑定应用于单一选择

当 Listbox 执行选择操作时会产生虚拟事件，可以由此设置事件处理程序。

程序实例 ch12_16.py：当选择 Listbox 中的项目时，可以在上方列出所选的项目。

```
1  # ch12_16.py
2  from tkinter import *
3  def itemSelected(event):              # 列出所选单一项目
4      obj = event.widget                # 取得事件的对象
5      index = obj.curselection()        # 取得索引
6      var.set(obj.get(index))           # 设置标签内容
7
8  fruits = ["Banana","Watermelon","Pineapple",
9           "Orange","Grapes","Mango"]
10
11 root = Tk()
12 root.title("ch12_16")                 # 窗口标题
13 root.geometry("300x250")              # 窗口宽300,高250
14
15 var = StringVar()                     # 创建标签
16 lab = Label(root,text="",textvariable=var)
17 lab.pack(pady=5)
18
19 lb = Listbox(root)
20 for fruit in fruits:                  # 创建水果项目
21     lb.insert(END,fruit)
22 lb.bind("<<ListboxSelect>>",itemSelected) # 选择绑定
23 lb.pack(pady=5)
24
25 root.mainloop()
```

执行结果

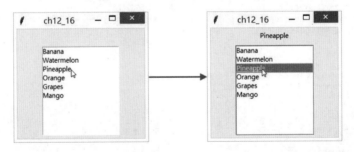

读者应留意第 22 行，当单击 Listbox 中选项时会产生虚拟的事件，此时可以触发 itemChanged( ) 方法处理此事件。程序第 3 ～ 6 行将所选择的内容在上方的标签中显示。第 4 ～ 6 行也是新的概念，在第 4 行先取得事件对象 obj，此例这个对象就是 Listbox 对象，然后利用这个 obj 对象取得所选的项目索引，再由索引取得所选的项目。当然也可以省略第 4 行，直接使用原先的 Listbox 对象 lb 也可以，可以参考程序实例 ch12_16_1.py。

程序实例 ch12_16_1.py：重新设计程序实例 ch12_16.py，修改 itemChanged() 方法，下面是此方法的内容。

```
3  def itemSelected(event):                    # 列出所选单一项目
4      index = lb.curselection()               # 取得索引
5      var.set(lb.get(index))                  # 设置标签内容
```

执行结果 与程序实例 ch12_16.py 相同。

早期或网络上一些人不懂虚拟绑定的概念，在设计这类程序时，由于单击是被 tkinter 绑定选择 Listbox 的项目，就用双击方式处理，将所选项目放在标签上。

程序实例 ch12_17.py：重新设计程序实例 ch12_16.py，使用 <Double-Button-1> 取代虚拟事件 <ListboxSelect>。

```
22  lb.bind("<Double-Button-1>",itemSelected)       # 连续单击两次绑定
```

执行结果 与程序实例 ch12_16.py 相同。

讲解这个程序的目的是告诉读者以前或网络上有人如此处理，当然建议读者使用程序实例 ch12_16.py 的方法，因为站在使用者的立场，当然期待单击即可选择和将所选的项目处理完成。

12-4-2　虚拟绑定应用在多重选择

虚拟绑定的概念也可以应用于多选，下面将直接以实例讲解。

程序实例 ch12_18.py：重新设计程序实例 ch12_16.py，当选择多项时，这些被选的项目将被打印出来。这个程序的 selectmode 使用 EXTENDED。

```
1   # ch12_18.py
2   from tkinter import *
3   def itemsSelected(event):                   # 打印所选结果
4       obj = event.widget                      # 取得事件的对象
5       indexs = obj.curselection()             # 取得索引
6       for index in indexs:                    # 将元组内容列出
7           print(obj.get(index))
8       print("----------")                     # 区隔输出
9
10
11  fruits = ["Banana","Watermelon","Pineapple",
12           "Orange","Grapes","Mango"]
13
14  root = Tk()
15  root.title("ch12_18")                       # 窗口标题
16  root.geometry("300x250")                    # 窗口宽300,高250
17
18  var = StringVar()                           # 创建标签
19  lab = Label(root,text="",textvariable=var)
20  lab.pack(pady=5)
21
22  lb = Listbox(root,selectmode=EXTENDED)
23  for fruit in fruits:                        # 创建水果项目
24      lb.insert(END,fruit)
25  lb.bind("<<ListboxSelect>>",itemsSelected) # 选择绑定
26  lb.pack(pady=5)
27
28  root.mainloop()
```

执行结果

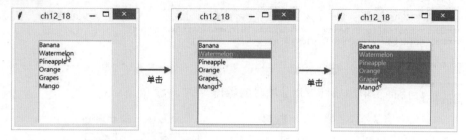

下列是 Python Shell 窗口的输出。

```
====================== RESTART: D:\PythonGUI\ch12\ch12_18.py ======================
Watermelon
----------
Watermelon
Pineapple
Orange
Grapes
----------
```

12-5　活用加入和删除项目

本节将以一个比较实用的例子说明加入与删除 Listbox 项目的应用。

程序实例 ch12_19.py：增加与删除项目的操作。这个程序有 4 个 Widget 控件，Entry 是输入控件，可以在此输入项目，输入完项目后单击"增加"按钮，Entry 中的项目就会被加入 Listbox，同时 Entry 将被清空。若是选择 Listbox 内的项目后再单击"删除"按钮，可以将所选的项目删除。

```python
1  # ch12_19.py
2  from tkinter import *
3  def itemAdded():                              # 增加项目处理程序
4      varAdd = entry.get()                      # 读取Entry的项目
5      if (len(varAdd.strip()) == 0):            # 没有增加不处理
6          return
7      lb.insert(END,varAdd)                     # 将项目增加到Listbox
8      entry.delete(0,END)                       # 删除Entry的内容
9
10 def itemDeleted():                            # 删除项目处理程序
11     index = lb.curselection()                 # 取得所选项目索引
12     if (len(index) == 0):                     # 如果长度是0表示没有选择
13         return
14     lb.delete(index)                          # 删除选项
15
16 root = Tk()
17 root.title("ch12_19")                         # 窗口标题
18
19 entry = Entry(root)                           # 创建Entry
20 entry.grid(row=0,column=0,padx=5,pady=5)
21
22 # 创建"增加"按钮
23 btnAdd = Button(root,text="增加",width=10,command=itemAdded)
24 btnAdd.grid(row=0,column=1,padx=5,pady=5)
25
26 # 创建Listbox
```

```
27   lb = Listbox(root)
28   lb.grid(row=1,column=0,columnspan=2,padx=5,sticky=W)
29
30   # 创建 "删除" 按钮
31   btnDel = Button(root,text="删除",width=10,command=itemDeleted)
32   btnDel.grid(row=2,column=0,padx=5,pady=5,sticky=W)
33
34   root.mainloop()
```

执行结果 下面是增加项目与删除项目的操作。

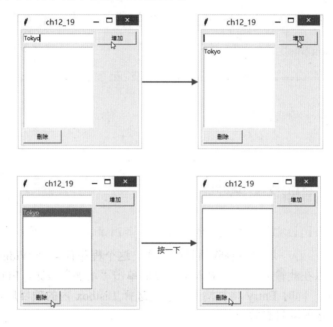

12-6 Listbox 项目的排序

在使用 Listbox 时常需要处理项目排序工作，下面将以实例讲解。

程序实例 ch12_20.py：这个程序中单击"排序"按钮时默认是从小到大排序，若是勾选复选框再单击"排序"按钮将从大到小排序。

```
1   # ch12_20.py
2   from tkinter import *
3   def itemsSorted():                  # 排序
4       if (var.get() == True):         # 如果设置
5           revBool = True              # 大到小排序是True
6       else:
7           revBool = False             # 大到小排序是False
8       listTmp = list(lb.get(0,END))   # 取得项目内容
9       sortedList = sorted(listTmp,reverse=revBool) # 执行排序
10      lb.delete(0,END)                # 删除原先Listbox内容
11      for item in sortedList:         # 将排序结果插入Listbox
12          lb.insert(END,item)
13
14  fruits = ["Banana","Watermelon","Pineapple",
15            "Orange","Grapes","Mango"]
16
17  root = Tk()
```

```
18  root.title("ch12_20")                    # 窗口标题
19
20  lb = Listbox(root)                        # 创建Listbox
21  for fruit in fruits:                      # 创建水果项目
22      lb.insert(END,fruit)
23  lb.pack(padx=10,pady=5)
24
25  # 创建 "排序" 按钮
26  btn = Button(root,text="排序",command=itemsSorted)
27  btn.pack(side=LEFT,padx=10,pady=5)
28
29  # 创建排序设置复选框
30  var = BooleanVar()
31  cb = Checkbutton(root,text="大到小排序",variable=var)
32  cb.pack(side=LEFT)
33
34  root.mainloop()
```

执行结果　下列是使用预设排序与使用从大到小排序的操作界面。

12-7　拖曳 Listbox 中的项目

　　在创建 Listbox 的过程中，另一个很重要的应用是可以拖曳选项，下面将以实例讲解这方面的应用。

程序实例 ch12_21.py：先创建 Listbox，然后可以拖曳所选的项目。

```
1  # ch12_21.py
2  from tkinter import *
3  def getIndex(event):                       # 处理单击选项
4      lb.index = lb.nearest(event.y)         # 目前选项的索引
5
6  def dragJob(event):                        # 处理拖曳选项
7      newIndex = lb.nearest(event.y)         # 目前选项的新索引
```

```
8       if newIndex < lb.index:              # 往上拖曳
9           x = lb.get(newIndex)             # 获得新位置内容
10          lb.delete(newIndex)              # 删除新位置的内容
11          lb.insert(newIndex+1,x)          # 放回原先新位置的内容
12          lb.index = newIndex              # 选项的新索引
13      elif newIndex > lb.index:            # 往下拖曳
14          x = lb.get(newIndex)             # 获得新位置内容
15          lb.delete(newIndex)              # 删除新位置的内容
16          lb.insert(newIndex-1,x)          # 放回原先新位置的内容
17          lb.index = newIndex              # 选项的新索引
18
19  fruits = ["Banana","Watermelon","Pineapple",
20             "Orange","Grapes","Mango"]
21
22  root = Tk()
23  root.title("ch12_21")                    # 窗口标题
24
25  lb = Listbox(root)                       # 创建Listbox
26  for fruit in fruits:                     # 创建水果项目
27      lb.insert(END,fruit)
28      lb.bind("<Button-1>",getIndex)       # 单击绑定getIndex
29      lb.bind("<B1-Motion>",dragJob)       # 拖曳绑定dragJob
30  lb.pack(padx=10,pady=10)
31
32  root.mainloop()
```

执行结果

往下拖曳

这个程序中在第 4、7 行使用了下列方法。

```
nearest(event.y)
```

上述代码行可以传回最接近 y 坐标在 Listbox 中的索引。当有单击操作时会触发 getIndex( ) 方法，第 4 行可以传回目前选项的索引。在拖曳过程中会触发 dragJob( ) 方法，在第 7 行可以传回新选项的索引，在拖曳过程中这个方法会不断地被触发，至于会被触发多少次视移动速度而定。

若是以上述实例而言，目前选项 Watermelon 的索引是 1，拖曳处理的过程如下。参考程序实例 ch12_21.py 的执行过程，是往下移动，整个流程说明如下。

(1) 新索引位置是 2。

(2) 获得索引 2 的内容 Pineapple，可参考第 14 行。

(3) 删除索引 2 的内容 Pineapple，可参考第 15 行。

(4) 将 Pineapple 的内容插入，相当于插入索引 1 位置，可参考第 16 行。

(5) 这时目前选项 Watermelon 的索引变成 2，这样就达到移动选项的目的了，读者可参考第 17 行。

12-8　滚动条的设计

在默认的环境下 Listbox 是没有滚动条的，但是如果选项太多，将造成部分选项无法显示，此时可将滚动条 Scrollbar 控件加入 Listbox。

注　Scrollbar 控件除了可以应用在 Listbox 上，也可以应用在 Text 和 Canvas 控件上。

它的使用格式如下。

```
Scrollbar(父对象, options, … )
```

Scrollbar( ) 方法的第一个参数是父对象，表示这个滚动条将创建在哪一个窗口内。下列是 Scrollbar( ) 方法内其他常用的 options 参数。

(1) activebackground：当光标经过滚动条时，滚动条和方向箭头的颜色。

(2) bg 或 background：当光标没有经过滚动条时，滚动条和方向箭头的颜色。

(3) borderwidth 或 bd：边界宽度，默认是 2px。

(4) command：滚动条移动时所触发的方法。

(5) cursor：当光标在滚动条上时光标的形状。

(6) elementborderwidth：滚动条和方向箭头的外部宽度，默认是 1。

(7) highlightbackground：当滚动条没有获得焦点时的颜色。

(8) highlightcolor：当滚动条获得焦点时的颜色。

(9) highlightthickness：当滚动条获得焦点时的厚度，默认是 1。

(10) jump：每次短距离地拖曳滚动条时都会触发 command 的方法，默认是 0，如果设为 1 则只有放开鼠标按键时才会触发 command 的方法。

(11) orient：可设置 HORIZONTAL/VERTICAL 分别是水平轴 / 垂直轴。

(12) repeatdelay：单位是 ms，默认是 300ms，可以设置按住滚动条移动的停滞时间。

(13) takefocus：正常可以用按 Tab 键的方式切换滚动条成为焦点，如果设为 0 则取消此设置。

(14) troughcolor：滚动条槽的颜色。

(15) width：滚动条宽，默认是 16。

程序实例 ch12_22.py：在 Listbox 中创建垂直滚动条。

```
1  # ch12_22.py
2  from tkinter import *
3
4
5  root = Tk()
6  root.title("ch12_22")                    # 窗口标题
7
8  scrollbar = Scrollbar(root)              # 创建滚动条
9  scrollbar.pack(side=RIGHT, fill=Y)
```

```
10
11  # 创建Listbox, yscrollcommand指向scrollbar.set方法
12  lb = Listbox(root, yscrollcommand=scrollbar.set)
13  for i in range(50):                    # 创建50个项目
14      lb.insert(END, "Line " + str(i))
15  lb.pack(side=LEFT,fill=BOTH,expand=True)
16
17  scrollbar.config(command=lb.yview)
18
19  root.mainloop()
```

执行结果

第 12 行是将 Listbox 的选项参数 yscrollcommand 设为 scrollbar.set，表示将 Listbox 与滚动条做联动。

第 17 行 scrollbar.config( ) 方法主要是为 scrollbar 对象设置选择性参数内容，此例是设置 command 参数，也就是当移动滚动条时，会去执行所指定的方法，此例是执行 Listbox 对象 lb 的 yview( ) 方法。

13

第 13 章

下拉式列表 OptionMenu 与 组合框 Combobox

本章摘要

13-1 下拉式列表 OptionMenu

OptionMenu 可以翻译为下拉式列表，用户可以从中选择一项，它的构造方法如下。

```
OptionMenu( 父对象 ,options,*value)
```

其中，*value 是下拉列表中的一系列选项，本节将通过实例进行讲解。

13-1-1 创建基本的 OptionMenu

程序实例 ch13_1.py：创建 OptionMenu，这个下拉列表中有三个数据，分别是 Python、Java、C。

```
1   # ch13_1.py
2   from tkinter import *
3
4   root = Tk()
5   root.title("ch13_1")
6   root.geometry("300x180")
7
8   var = StringVar(root)
9   optionmenu = OptionMenu(root,var,"Python","Java","C")
10  optionmenu.pack()
11
12  root.mainloop()
```

执行结果 程序执行时 OptionMenu 中是空的，这是因为没有选择任何选项。

选择任一项后，选项会更改。

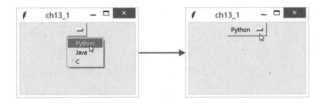

读者可以留意上述第 9 行创建 OptionMenu 下拉列表项目的方式。

13-1-2 使用元组创建列表项目

上述程序虽然可以创建列表，但是当列表中项目较多时，不是太方便，不过我们可以将列表项目建在元组内，再将元组数据放入 OptionMenu( ) 构造方法内。

程序实例 ch13_2.py：重新设计程序实例 ch13_1.py，使用元组存储列表项目。

```
1  # ch13_2.py
2  from tkinter import *
3
4  root = Tk()
5  root.title("ch13_2")                        # 窗口标题
6  root.geometry("300x180")
7
8  omTuple = ("Python","Java","C")             # tuple存储OptionMenu项目
9  var = StringVar(root)
10 optionmenu = OptionMenu(root,var,*omTuple)  # 创建OptionMenu
11 optionmenu.pack()
12
13 root.mainloop()
```

执行结果 与程序实例 ch13_1.py 相同。

13-1-3　创建默认选项 set( )

到目前，程序刚执行时，没有看到任何项目，不过可以使用 set( ) 方法为这个 OptionMenu 创建默认选项。

程序实例 ch13_3.py：重新设计程序实例 ch13_2.py，使用 set( ) 方法创建默认选项。

```
1  # ch13_3.py
2  from tkinter import *
3
4  root = Tk()
5  root.title("ch13_3")                        # 窗口标题
6  root.geometry("300x180")
7
8  omTuple = ("Python","Java","C")             # tuple存储OptionMenu项目
9  var = StringVar(root)
10 var.set("Python")                           # 创建默认选项
11 optionmenu = OptionMenu(root,var,*omTuple)  # 创建OptionMenu
12 optionmenu.pack()
13
14 root.mainloop()
```

上述程序成功地设定了默认值，但是那不是一个好的设计，建议既然已经使用了元组创建列表项目，那么就可以使用元组变量名称 + 索引方式设置默认选项。

程序实例 ch13_3_1.py：使用元组变量名称 + 索引方式设置默认选项。

```
10 var.set(omTuple[0])                         # 创建默认选项
```

执行结果 与程序实例 ch13_3.py 相同。

13-1-4　获得选项内容 get( )

可以使用 get( ) 方法获得选项内容。

程序实例 ch13_4.py：获得 OptionMenu 目前选项的内容，这个程序提供了 Print 按钮，单击此按钮可以在 Python Shell 窗口中列出所选的内容。

```
1  # ch13_4.py
2  from tkinter import *
3  def printSelection():
4      print("The selection is : ", var.get())
5
6  root = Tk()
7  root.title("ch13_4")                        # 窗口标题
8  root.geometry("300x180")
9
```

```
10  omTuple = ("Python","Java","C")              # tuple存储OptionMenu项目
11  var = StringVar(root)
12  var.set("Python")                            # 创建默认选项
13  optionmenu = OptionMenu(root,var,*omTuple)   # 创建OptionMenu
14  optionmenu.pack(pady=10)
15
16  btn = Button(root,text="Print",command=printSelection)
17  btn.pack(pady=10,anchor=S,side=BOTTOM)
18
19  root.mainloop()
```

执行结果

13-2 组合框 Combobox

Combobox 可以翻译为组合框，这是 tkinter.ttk 的 Widget 控件，它的特性与 OptionMenu 类似，可以说它是 Entry 和下拉菜单的组合。它的构造方法如下。

```
Combobox(父对象,options)
```

常用 options 参数如下。

(1) textvariable：可以设置 Combobox 的变量值。

(2) value：Combobox 的选项内容，内容以元组方式存在。

13-2-1 创建 Combobox

在 Combobox( ) 构造方法中，可以使用 value 参数创建选项内容。

程序实例 ch13_5.py：创建一个 Combobox。

```
1   # ch13_5.py
2   from tkinter import *
3   from  tkinter.ttk  import *
4
5   root = Tk()
6   root.title("ch13_5")                         # 窗口标题
7   root.geometry("300x120")
8
9   var = StringVar()
10  cb = Combobox(root,textvariable=var,         # 创建Combobox
11              value=("Python","Java","C#","C"))
12  cb.pack(pady=10)
13
14  root.mainloop()
```

执行结果

其实在设计上述程序时，若是选项很多，Combobox( ) 方法的参数 value 一般是在 Combobox( ) 外独立处理，可以参考下列实例。

程序实例 ch13_6.py：将 Combobox 的选项独立处理，可以参考第 11 行。

```
1   # ch13_6.py
2   from tkinter import *
3   from  tkinter.ttk  import *
4
5   root = Tk()
6   root.title("ch13_6")                        # 窗口标题
7   root.geometry("300x120")
8
9   var = StringVar()
10  cb = Combobox(root,textvariable=var)        # 创建Combobox
11  cb["value"] = ("Python","Java","C#","C")    # 设置选项内容
12  cb.pack(pady=10)
13
14  root.mainloop()
```

执行结果　与程序实例 ch13_5.py 相同。

13-2-2　设置默认选项 current( )

Combobox 创建完成后，可以使用 current( ) 方法创建默认选项。

程序实例 ch13_7.py：设置元组索引 0 的元素 Python 为默认选项。

```
1   # ch13_7.py
2   from tkinter import *
3   from  tkinter.ttk  import *
4
5   root = Tk()
6   root.title("ch13_7")                        # 窗口标题
7   root.geometry("300x120")
8
9   var = StringVar()
10  cb = Combobox(root,textvariable=var)        # 创建Combobox
11  cb["value"] = ("Python","Java","C#","C")    # 设置选项内容
12  cb.current(0)                               # 设置默认选项
13  cb.pack(pady=10)
14
15  root.mainloop()
```

执行结果

在前面创建 Combobox 过程中有 textvariable=var，此 var 在第 9 行创建，有了它就可以用 var.set("xx") 方式创建默认选项，当然对这个实例而言，使用 current( ) 方法较为便利。

程序实例 ch13_8.py：重新设计程序实例 ch13_7.py，使用 var.set( ) 创建默认选项。

```
12  var.set("Python")                                     # 设置默认选项
```

执行结果 与程序实例 ch13_7.py 相同。

13-2-3 获得目前选项 get( )

在前面创建 Combobox 过程中有 textvariable=var，可以使用 var.get( ) 获得目前选项内容。

程序实例 ch13_9.py：扩充设计程序实例 ch13_7.py，增加 **Print** 按钮，当单击此按钮时可以在 **Python Shell** 窗口中显示选项。

```
1  # ch13_9.py
2  from tkinter import *
3  from tkinter.ttk import *
4  def printSelection():                                  # 输出选项
5      print(var.get())
6
7  root = Tk()
8  root.title("ch13_9")                                   # 窗口标题
9  root.geometry("300x120")
10
11  var = StringVar()
12  cb = Combobox(root,textvariable=var)                   # 创建 Combobox
13  cb["value"] = ("Python","Java","C#","C")               # 设置选项内容
14  cb.current(0)                                          # 设置默认选项
15  cb.pack(pady=10)
16
17  btn = Button(root,text="Print",command=printSelection) # 创建按钮
18  btn.pack(pady=10,anchor=S,side=BOTTOM)
19
20  root.mainloop()
```

执行结果

13-2-4 绑定 Combobox

当 Combobox 中的选项有变动时，会产生虚拟事件，也可以使用这个特性将此事件绑定处理方法。

程序实例 ch13_10.py：同步 **Combobox** 和 **Label** 的内容。

```
1   # ch13_10.py
2   from tkinter import *
3   from  tkinter.ttk   import *
4   def comboSelection(event):                        # 显示选项
5       labelVar.set(var.get())                       # 同步标签内容
6
7   root = Tk()
8   root.title("ch13_10")                             # 窗口标题
9   root.geometry("300x120")
10
11  var = StringVar()
12  cb = Combobox(root,textvariable=var)              # 创建Combobox
13  cb["value"] = ("Python","Java","C#","C")          # 设置选项内容
14  cb.current(0)                                      # 设置默认选项
15  cb.bind("<<ComboboxSelected>>",comboSelection)    # 绑定
16  cb.pack(side=LEFT,pady=10,padx=10)
17
18  labelVar = StringVar()
19  label = Label(root,textvariable=labelVar)         # 创建Label
20  labelVar.set(var.get())                           # 设置Label的初值
21  label.pack(side=LEFT)
22
23  root.mainloop()
```

执行结果

14

第 14 章

容器 PanedWindow 和 Notebook

14-1 　PanedWindow

14-1-1 　PanedWindow 基本概念

PanedWindow 可以翻译为面板，是一个 Widget 容器控件，可以在此容器内创建任意数量的子控件。不过一般是在此控件内创建两三个子控件，而控件是以水平方式或垂直方式排列。它的构造方法语法如下。

```
PanedWindow ( 父对象 ,options, … )
```

PanedWindow( ) 方法的第一个参数是父对象，表示它将创建在哪一个父对象内。下列是 PanedWindow( ) 方法内其他常用的 options 参数。

(1) bg 或 background：当光标不在此控件上时，若是有滚动条或方向盒时，滚动条或方向盒的背景色彩。

(2) bg：3D 显示时的宽度，默认是 2。

(3) borderwidth：边界线宽度，默认是 2。

(4) cursor：当光标在面板上方时的形状。

(5) handlepad：面板显示宽度，默认是 8。

(6) handlesize：面板显示大小，默认是 8。

(7) height：面板显示高度，默认是 8。

(8) orient：面板配置方向默认是 HORIZONTAL。

(9) relief：默认是 relief=FLAT，可由此控制文字外框。

(10) sashcursor：分隔线光标，没有默认值。

(11) sashrelief：面板分隔线外框，默认是 RAISED。

(12) showhandle：滑块属性，可设置是否显示，没有默认值。

(13) width：面板整体宽度，没有默认值。

14-1-2 　插入子控件 add( )

add(child,options) 可以插入子对象。

程序实例 ch14_1.py：在 PanedWindow 对象内插入两个标签子对象，读者可以从缩放窗口了解标签子对象分隔此 PanedWindow 的结果。

```
1  # ch14_1.py
2  from tkinter import *
3
4  pw = PanedWindow(orient=VERTICAL)        # 创建PanedWindow对象
5  pw.pack(fill=BOTH,expand=True)
6
```

```
7   top = Label(pw,text="Top Pane")              # 创建标签Top Pane
8   pw.add(top)                                  # top标签插入PanedWindow
9
10  bottom = Label(pw,text="Bottom Pane")         # 创建标签Bottom Pane
11  pw.add(bottom)                               # bottom标签插入PanedWindow
12
13  pw.mainloop()
```

执行结果 下面左边是执行结果，右边是适度放大窗口后的结果。

14-1-3 创建 LabelFrame 当作子对象

PanedWindow 是一个面板，最常的应用是将它分成两三份，然后可以将所设计的控件适度分配位置。

程序实例 ch14_2.py：设计三个 LabelFrame 对象作为 PanedWindow 的子对象，然后水平排列。

```
1   # ch14_2.py
2   from tkinter import *
3
4   root = Tk()
5   root.title("ch14_2")
6
7   pw = PanedWindow(orient=HORIZONTAL)          # 创建PanedWindow对象
8
9   leftframe = LabelFrame(pw,text="Left Pane",width=120,height=150)
10  pw.add(leftframe)                            # 插入左边LabelFrame
11  middleframe = LabelFrame(pw,text="Middle Pane",width=120)
12  pw.add(middleframe)                          # 插入中间LabelFrame
13  rightframe = LabelFrame(pw,text="Right Pane",width=120)
14  pw.add(rightframe)                           # 插入右边LabelFrame
15
16  pw.pack(fill=BOTH,expand=True,padx=10,pady=10)
17
18  root.mainloop()
```

执行结果

14-1-4 tkinter.ttk 模块的 weight 参数

程序实例 ch14_2.py 在执行时，若是更改了窗口的宽度，将看到最右边的面板

(Right Pane) 放大或缩小，如下所示。

在 tkinter.ttk 模块中，若执行 add(子对象，options)，在 options 字段可以增加 weight 参数，weight 代表更改窗口宽度时每个 Pane 更改的比例，如果插入三个子对象 LabelFrame 时 weight 都是 1，代表放大或缩小窗口时，三个子对象是相同比例的。

需留意在 add( ) 方法内使用 weight 参数时需要导入 thikter.ttk。

程序实例 ch14_3.py：重新设计程序实例 ch14_2.py，在插入三个 LabelFrame 对象时增加 weight=1。在执行时若放大或缩小窗口，可以看到三个 LabelFrame 子对象是按相同比例更改的。注意程序第 3 行是导入 tkinter.ttk，这是必需的，否则程序会有编译错误。

```
1  # ch14_3.py
2  from tkinter import *
3  from tkinter.ttk import *
4
5  root = Tk()
6  root.title("ch14_3")
7
8  pw = PanedWindow(orient=HORIZONTAL)        # 创建PanedWindow对象
9
10 leftframe = LabelFrame(pw,text="Left Pane",width=120,height=150)
11 pw.add(leftframe,weight=1)                 # 插入左边LabelFrame
12 middleframe = LabelFrame(pw,text="Middle Pane",width=120)
13 pw.add(middleframe,weight=1)               # 插入中间LabelFrame
14 rightframe = LabelFrame(pw,text="Right Pane",width=120)
15 pw.add(rightframe,weight=1)                # 插入右边LabelFrame
16
17 pw.pack(fill=BOTH,expand=True,padx=10,pady=10)
18
19 root.mainloop()
```

执行结果

如果三个 LabelFrame 子对象设置不同的 weight，以后更改窗口大小时，彼此会因 weight 有不同的影响。

程序实例 ch14_4.py：设置更改窗口大小时 Left Pane 的 weight=2、Middle Pane 的 weight=2、Right Pane 的 weight=1，这代表更改宽度时，更改比例分别是 2：2：1。请读者留意第 11、13、15 行的 weight 设置。

```
1   # ch14_4.py
2   from tkinter import *
3   from tkinter.ttk import *
4
5   root = Tk()
6   root.title("ch14_4")
7
8   pw = PanedWindow(orient=HORIZONTAL)         # 创建PanedWindow对象
9
10  leftframe = LabelFrame(pw,text="Left Pane",width=120,height=150)
11  pw.add(leftframe,weight=2)                  # 插入左边LabelFrame
12  middleframe = LabelFrame(pw,text="Middle Pane",width=120)
13  pw.add(middleframe,weight=2)                # 插入中间LabelFrame
14  rightframe = LabelFrame(pw,text="Right Pane",width=120)
15  pw.add(rightframe,weight=1)                 # 插入右边LabelFrame
16
17  pw.pack(fill=BOTH,expand=True,padx=10,pady=10)
18
19  root.mainloop()
```

执行结果

14-1-5　在 PanedWindow 内插入不同控件

在结束本节前，再介绍一个在 PanedWindow 内插入不同 Widget 控件的应用。

程序实例 ch14_5.py：这个程序会先创建 PanedWindow，对象名称是 pw。然后在它下面的左边创建 Entry 对象，对象名称是 entry，下面右边创建另一个 PanedWindow 对象，对象名称是 pwin。最后在 pwin 对象下面创建 Scale 对象。

```
1   # ch14_5.py
2   from tkinter import *
3
4   pw = PanedWindow(orient=HORIZONTAL)         # 创建外层PanedWindow
5   pw.pack(fill = BOTH,expand=True)
6
7   entry = Entry(pw,bd=3)                       # 创建entry
8   pw.add(entry)                               # 这是外层PanedWindow的子对象
9
10  # 创建PanedWindow对象pwin,这是外层PanedWindow的子对象
11  pwin = PanedWindow(pw,orient=VERTICAL)
12  pw.add(pwin)
13  # 创建Scale,这是pwin对象的子对象
14  scale = Scale(pwin,orient=HORIZONTAL)
15  pwin.add(scale)
16
17  pw.mainloop()
```

执行结果

14-2　Notebook

Notebook 是属于 tkinter.ttk 模块的控件。

14-2-1　Notebook 基本概念

Notebook 也是一个 Widget 容器控件，这个控件的特点是有许多选项卡，当选择不同选项卡时可以看到不同的子控件内容，也可以作为子窗口内容。

使用 Notebook( ) 构造方法的语法如下。

```
Notebook(父对象 , options)
```

options 参数如下。

(1) height：默认是使用最大可能高度，如果设置数值则使用设置高度。

(2) padding：设置 Notebook 外围的额外空间，可以设置 4 个数值代表 left、top、right、bottom 四周的空间。

(3) width：默认是使用最大可能宽度，如果设置数值则使用设置宽度。

整个创建 Notebook 框架的步骤如下。

(1) 使用 Notebook( ) 创建 Notebook 对象，假设对象名称是 notebook。

(2) 使用 notebook 对象调用 add( ) 方法。

```
add(子对象 ,text="xxx" )                 # xxx 是未来选项卡名称
```

(3) 上述代码可以将子对象插入 notebook，同时产生 "xxx" 选项卡名称。

如果用正规语法表示 add( ) 方法，它的语法格式如下。

```
add(子对象 , options)
```

options 参数如下。

(1) compound：可以设置当选项卡内同时含图像和文字时，彼此之间的位置关系，可以参考 2-12 节。

(2) image：选项卡以图像方式呈现。

(3) padding：可以设置 Notebook 和面板 Pane 的额外空间。

(4) state：可能值是 normal、disabled、hidden，如果是 disabled 表示无法被选择使用，如果是 hidden 表示被隐藏。

(5) sticky：指出子窗口面板的配置方式，n/s/e/w 分别代表 North、South、East、West。

(6) text：选项卡中的字符串内容。

(7) underline：从 0 开始计算的索引，指出第几个字母含下画线。

程序实例 ch14_6.py：简单创建 Notebook 的框架，这个程序中各选项卡中的子对象是 Frame 对象，可参考第 11、12 行。

```
1   # ch14_6.py
2   from tkinter import *
3   from tkinter.ttk import *
4
5   root = Tk()
6   root.title("ch14_6")
7   root.geometry("300x160")
8
9   notebook = Notebook(root)                        # 创建 Notebook
10
11  frame1 = Frame()                                 # 创建 Frame1
12  frame2 = Frame()                                 # 创建 Frame2
13
14  notebook.add(frame1,text="选项卡1")              # 创建选项卡1同时插入Frame1
15  notebook.add(frame2,text="选项卡2")              # 创建选项卡2同时插入Frame2
16  notebook.pack(padx=10,pady=10,fill=BOTH,expand=TRUE)
17
18  root.mainloop()
```

执行结果

14-2-2 绑定选项卡与子控件内容

在程序实例 ch14_6.py 中所看到的各选项卡内容是空的，本节的实例重点是在选项卡内创建子控件内容。

程序实例 ch14_7.py：扩充设计程序实例 ch14_6.py，主要是在选项卡 1 中增加内容是"Python"的标签子对象，此时标签对象创建过程可参考第 17 行，重点如下。

　　label = Label(frame1, …)　# frame1 是 label 的父对象

在选项卡 2 中增加名称是"Help"的功能按钮子对象，此时功能按钮对象创建过程可参考第 19 行，重点如下。

　　btn = Button(frame2, …)　# frame2 是 btn 的父对象

当单击 Help 功能按钮时会列出 showinfo 内容的消息。

```
1   # ch14_7.py
2   from tkinter import *
3   from tkinter import messagebox
4   from tkinter.ttk import *
5   def msg():
6       me                              欢迎使用Notebook")
7
8   root =
9   root.t
10  root.geome
11
12  notebook = Notebook(root)                        # 创建Notebook
13
```

```
14  frame1 = Frame()                                  # 创建frame1
15  frame2 = Frame()                                  # 创建frame2
16
17  label = Label(frame1,text="Python")               # 在frame1中创建标签控件
18  label.pack(padx=10,pady=10)
19  btn = Button(frame2,text="Help",command=msg)      # 在frame2中创建按钮控件
20  btn.pack(padx=10,pady=10)
21
22  notebook.add(frame1,text="选项卡1")                # 创建选项卡1同时插入 frame1
23  notebook.add(frame2,text="选项卡2")                # 创建选项卡2同时插入 frame2
24  notebook.pack(padx=10,pady=10,fill=BOTH,expand=TRUE)
25
26  root.mainloop()
```

执行结果

第 15 章

进度条 Progressbar

本章摘要

15-1　Progressbar 的基本应用

Progressbar 可以解释为进度条，主要是作为一个工作进度指针，在这个控件中会有一个指针，由此指针可以了解工作进度，例如，文件下载、文件解压缩等。用户可以由这个工作进度指针确认系统仍在进行中，同时也可以了解目前进行到哪一个阶段。

它的构造方法语法如下。

```
Progressbar(父对象,options, … )
```

Progressbar( ) 方法的第一个参数是父对象，表示这个 Progressbar 将创建在哪一个父对象内。下列是 Progressbar( ) 方法内其他常用的 options 参数。

(1) length：进度条的长度，默认是 100px。

(2) mode：可以有下列两种模式。

① determinate：一个指针会从起点移至终点，通常当我们知道所需工作时间时，可以使用此模式，这是默认模式。

② indeterminate：一个指针会在起点和终点间来回移动，通常当我们不知道工作所需时间时，可以使用此模式。

(3) maximum：进度条的最大值，默认是 100.0。

(4) name：进度条的名称，供程序参考引用。

(5) orient：进度条的方向，可以是 HORIZONTAL(预设) 或 VERTICAL。

(6) value：进度条的目前值。

(7) variable：记录进度条目前进度值。

程序实例 ch15_1.py：**进度条最大值是 100，列出目前值是 50 的界面。其中一个进度条大部分参数使用默认值，另一个则使用自定义方式。**

```python
1  # ch15_1.py
2  from tkinter import *
3  from tkinter.ttk import *
4
5  root = Tk()
6  root.geometry("300x140")
7  root.title("ch15_1")
8
9  # 使用默认创建进度条
10 pb1 = Progressbar(root)
11 pb1.pack(pady=20)
12 pb1["maximum"] = 100
13 pb1["value"] = 50
14
15 # 使用各参数设置方式创建进度条
16 pb2 = Progressbar(root,orient=HORIZONTAL,length=200,mode ="determinate")
17 pb2.pack(pady=20)
18 pb2["maximum"] = 100
19 pb2["value"] = 50
20
21 root.mainloop()
```

执行结果

155

15-2 Progressbar 动画设计

　　如果想要设计含动画效果的 Progressbar，可以在每次更新 Progressbar 对象的 value 值时调用 update() 方法，这时窗口可以依据 value 值重绘，这样就可以达到动画效果。

程序实例 ch15_2.py：设计带动画效果的 Progressbar，最大值是 100，从 0 开始，每隔 0.05s 可以移动一格。

```
1  # ch15_2.py
2  from tkinter import *
3  from tkinter.ttk import *
4  import time
5
6  def running():                        # 开始Progressbar动画
7      for i in range(100):
8          pb["value"] = i+1             # 每次更新1
9          root.update()                 # 更新画面
10         time.sleep(0.05)
11
12 root = Tk()
13 root.title("ch15_2")
14
15 pb = Progressbar(root,length=200,mode="determinate",orient=HORIZONTAL)
16 pb.pack(padx=10,pady=10)
17 pb["maximum"] = 100
18 pb["value"] = 0
19
20 btn = Button(root,text="Running",command=running)
21 btn.pack(pady=10)
22
23 root.mainloop()
```

执行结果

　　假设我们在设计下载资料的 Progressbar，在真实的应用中，可以将所获得的文件大小当作 Progressbar 对象 maximum 参数的值，然后设置每次读取数据数量 (下载量)，只要总下载量小于 maximum，则继续下载。下面是模拟下载的 Progressbar 设计。

程序实例 ch15_3.py：模拟下载的 Progressbar 设计，假设下载总量是 10 000B，每次读取数据数量 (下载量) 是 500B。

```
1  # ch15_3.py
2  from tkinter import *
3  from tkinter.ttk import *
4
5  def load():                           # 启动Prograssbar
6      pb["value"] = 0                   # Prograssbar初始值
7      pb["maximum"] = maxbytes          # Prograddbar最大值
8      loading()
9  def loading():                        # 仿真下载数据
10     global bytes
11     bytes += 500                      # 模拟每次下载500B
12     pb["value"] = bytes               # 设置指针
13     if bytes < maxbytes:
14         pb.after(50,loading)          # 经过0.05 s继续执行loading
15
16 root = Tk()
17 root.title("ch15_3")
18 bytes = 0                             # 设置初值
19 maxbytes = 10000                      # 假设下载文件大小
```

```
20
21  pb = Progressbar(root,length=200,mode="determinate",orient=HORIZONTAL)
22  pb.pack(padx=10,pady=10)
23  pb["value"] = 0                        # Prograssbar初始值
24
25  btn = Button(root,text="Load",command=load)
26  btn.pack(pady=10)
27
28  root.mainloop()
```

执行结果

15-3　Progressbar 的方法 start( )、step( )、stop( )

这几个方法的含义如下。

(1) start(interval)：每隔 interval 时间移动一次指针。interval 的默认值是 50ms，每次指针移动调用一次 step(delta)。在 step( ) 方法内的 delta 参数的意义是增值量。

(2) step(delta)：每次增加一次 delta，默认值是 1.0，在 determinate 模式，指针不会超过 maximum 参数值。在 indeterminate 模式，当指针达到 maximum 参数值的前一格时，指针会回到起点。

(3) stop( )：停止 start( ) 的运行。

程序实例 ch15_4.py：验证使用 **step(2)** 方法，相当于每次增值 2，当指针到达末端值 **100** 前一格时 (相当于是 98)，指针会回到 0，然后重新开始移动。这个程序执行时同时在 **Python Shell** 窗口中会列出目前指针的值。

```
1   # ch15_4.py
2   from tkinter import *
3   from tkinter.ttk import *
4   import time
5
6   def running():                        # 开始Progressbar动画
7       while pb.cget("value") <= pb["maximum"]:
8           pb.step(2)
9           root.update()                 # 更新画面
10          print(pb.cget("value"))       # 输出指针值
11          time.sleep(0.05)
12
13  root = Tk()
14  root.title("ch15_4")
15
16  pb = Progressbar(root,length=200,mode="determinate",orient=HORIZONTAL)
17  pb.pack(padx=10,pady=10)
18  pb["maximum"] = 100
19  pb["value"] = 0
20
21  btn = Button(root,text="Running",command=running)
22  btn.pack(pady=10)
23
24  root.mainloop()
```

执行结果

程序实例 ch15_5.py：使用 start( ) 方法启动 Progressbar 的动画，当单击 Stop 按钮后才可中止此动画。

```
1   # ch15_5.py
2   from tkinter import *
3   from tkinter.ttk import *
4
5   def run():                                       # 开始Progressbar动画
6       pb.start()                                   # 指针每次移动1
7   def stop():                                      # 中止Progressbar动画
8       pb.stop()                                    # 中止pb对象动画
9
10  root = Tk()
11  root.title("ch15_5")
12
13  pb = Progressbar(root,length=200,mode="determinate",orient=HORIZONTAL)
14  pb.pack(padx=5,pady=10)
15  pb["maximum"] = 100
16  pb["value"] = 0
17
18  btnRun = Button(root,text="Run",command=run)     # 创建Run按钮
19  btnRun.pack(side=LEFT,padx=5,pady=10)
20
21  btnStop = Button(root,text="Stop",command=stop)  # 创建Stop按钮
22  btnStop.pack(side=LEFT,padx=5,pady=10)
23
24  root.mainloop()
```

执行结果 单击下方右图的 Stop 按钮可以中止动画的 Progressbar。

15-4 indeterminate 模式

在这个模式下指针将左右移动，主要目的是让用户知道程序仍在继续工作。

程序实例 ch15_6.py：将 Progressbar 的模式设为 indeterminate，重新设计程序实例 ch15_5.py，这个程序在执行时可以看到指针左右移动，若是单击 Stop 按钮可以中止指针移动。

```
13  pb = Progressbar(root,length=200,mode="indeterminate",orient=HORIZONTAL)
```

执行结果

第 16 章

菜单 Menu 和工具栏 Toolbar

16-1 菜单 Menu 的基本概念

窗口中一般会有菜单设计，菜单是一种下拉式窗体，在这种窗体中可以设计菜单列表。创建菜单的方法是 Menu( )，它的语法格式如下。

```
Menu( 父对象 , options, … )
```

Menu( ) 方法的第一个参数是父对象，表示这个菜单将创建在哪一个父对象内。下列是 Menu( ) 方法内其他常用的 options 参数。

(1) activebackground：当光标移至此菜单列表上时的背景色彩。

(2) activeborderwidth：当被鼠标选取时它的外边框厚度，默认是 1。

(3) activeforeground：当光标移至此菜单列表上时的前景色。

(4) bd：所有菜单列表的外边框厚度，默认是 1。

(5) bg：菜单列表未被选择时的背景色彩。

(6) cursor：当菜单分离时，鼠标光标在列表上的外观。

(7) disabledforeground：菜单列表是 DISABLED 时的颜色。

(8) font：菜单列表文字的字形。

(9) fg：菜单列表未被选择时的前景色。

(10) image：菜单的图标。

(11) tearoff: 菜单上方的分隔线，这是一个虚线线条，有分隔线时 tearoff 值为 True 或 1，此时菜单列表从位置 1 开始放置，同时可以让菜单分离，分离方式是开启菜单后单击分隔线。如果将 tearoff 设为 False 或 0 时，此时不会显示分隔线，也就是菜单无法分离，但是菜单列表将从位置 0 开始存放。相关实例可以参考 16-2 节。

下列是其他相关的方法。

(1) add_cascade( )：创建分层菜单，同时让此子功能列表与父菜单创建链接。

(2) add_command( )：增加菜单列表。

(3) add_separator( )：增加菜单列表的分隔线，可以参考 16-3 节。

程序实例 ch16_1.py：创建最上层的菜单列表，单击"Hello!"会出现"欢迎使用菜单"的对话框，单击"Exit!"则程序结束。

```
1  # ch16_1.py
2  from tkinter import *
3  from tkinter import messagebox
4
5  def hello():
6      messagebox.showinfo("Hello","欢迎使用菜单")
7
8  root = Tk()
9  root.title("ch16_1")
10 root.geometry("300x180")
11
```

```
12   # 创建最上层菜单
13   menubar = Menu(root)
14   menubar.add_command(label="Hello!",command=hello)
15   menubar.add_command(label="Exit!",command=root.destroy)
16   root.config(menu=menubar)              # 显示菜单对象
17
18   root.mainloop()
```

执行结果

上述设计理念是第 13 行先创建 menubar 对象，然后第 14、15 行分别将 Hello! 和 Exit! 命令列表创建在 menubar 上。

上述程序虽然可以执行，但这并不是一个正规的菜单设计方式，正规的菜单是在最上方先创建菜单类别，然后才在各菜单类别内创建相关子菜单列表，这些子菜单列表是用下拉式窗体显示。

程序实例 ch16_2.py：创建一个 File 菜单，然后在此菜单内创建下拉式列表命令。

```
1    # ch16_2.py
2    from tkinter import *
3    from tkinter import messagebox
4
5    def newFile():
6        messagebox.showinfo("New File","开新文件")
7
8    root = Tk()
9    root.title("ch16_2")
10   root.geometry("300x180")
11
12   menubar = Menu(root)                    # 创建最上层菜单
13   # 创建菜单类别对象，并将此菜单类别命名为File
14   filemenu = Menu(menubar)
15   menubar.add_cascade(label="File",menu=filemenu)
16   # 在File菜单内创建菜单列表
17   filemenu.add_command(label="New File",command=newFile)
18   filemenu.add_command(label="Exit!",command=root.destroy)
19   root.config(menu=menubar)              # 显示菜单对象
20
21   root.mainloop()
```

执行结果

上述创建 File 菜单的关键是第 14、15 行，filemenu 则是 File 菜单的对象，第 17、18 行是使用 filemenu 对象在 File 菜单内创建 New File 和 Exit! 命令列表。

16-2 tearoff 参数

在 16-1 节的 Menu( ) 方法的参数 options 中介绍了 tearoff 参数，它的默认值是 1，至于其他细节可以参考该部分的说明，由于这是默认值，所以若是开启菜单时可以看到 "tearoff=1" 参数产生的虚线分隔线。

若单击虚线，可以让这个下拉菜单分离，结果如上方右图所示。

程序实例 ch16_3.py：在第 14 行创建菜单时设置 "tearoff=False"，重新设计程序实例 ch16_2.py，然后观察执行结果，可以发现此虚线已被取消，这也造成无法将此下拉菜单从 ch16_3 的窗口中分离。

```
1   # ch16_3.py
2   from tkinter import *
3   from tkinter import messagebox
4
5   def newFile():
6       messagebox.showinfo("New File","开新文件")
7
8   root = Tk()
9   root.title("ch16_3")
10  root.geometry("300x180")
11
12  menubar = Menu(root)                        # 创建最上层菜单
13  # 创建菜单类别对象，并将此菜单类别命名为File
14  filemenu = Menu(menubar,tearoff=False)
15  menubar.add_cascade(label="File",menu=filemenu)
16  # 在File菜单内创建菜单列表
17  filemenu.add_command(label="New File",command=newFile)
18  filemenu.add_command(label="Exit!",command=root.destroy)
19  root.config(menu=menubar)                   # 显示菜单对象
20
21  root.mainloop()
```

执行结果 参考下图虚线被隐藏了。

16-3 菜单列表间加上分隔线

在创建下拉菜单列表时，如果列表项目有很多，可以适当地使用 add_separator( ) 方法在菜单列表内加上分隔线。

程序实例 ch16_4.py：扩充设计程序实例 ch16_2.py，在 File 菜单内创建 5 个指令列表，同时适时地在指令列表间创建分隔线，可以参考第 24 和 27 行。

```
 1  # ch16_4.py
 2  from tkinter import *
 3  from tkinter import messagebox
 4  def newFile():
 5      messagebox.showinfo("New File","打开新文件")
 6  def openFile():
 7      messagebox.showinfo("New File","打开旧文件")
 8  def saveFile():
 9      messagebox.showinfo("New File","存储文件    ")
10  def saveAsFile():
11      messagebox.showinfo("New File","另存新文件")
12
13  root = Tk()
14  root.title("ch16_4")
15  root.geometry("300x180")
16
17  menubar = Menu(root)                    # 创建最上层菜单
18  # 创建菜单类别对象，并将此菜单类别命名为File
19  filemenu = Menu(menubar)
20  menubar.add_cascade(label="File",menu=filemenu)
21  # 在File菜单内创建菜单列表
22  filemenu.add_command(label="New File",command=newFile)
23  filemenu.add_command(label="Open File",command=openFile)
24  filemenu.add_separator()
25  filemenu.add_command(label="Save",command=saveFile)
26  filemenu.add_command(label="Save As",command=saveAsFile)
27  filemenu.add_separator()
28  filemenu.add_command(label="Exit!",command=root.destroy)
29  root.config(menu=menubar)                # 显示菜单对象
30
31  root.mainloop()
```

16-4　创建多个菜单的应用

一个实用的窗口应用程序在最上层 menubar 中应该会有多组菜单类别，在先前的实例中只创建了 File 菜单 filemenu 对象，所使用的方法如下。

```
menubar = Menu(root)
filemenu = Menu(menubar)
menu.add_cascade(label="File",menu=filemenu)
```

如果想要创建多组菜单类别，所需要的就是增加设计上述第 2、3 行，然后用不同的名称取代即可。

程序实例 ch16_5.py：扩充设计程序实例 ch16_4.py，增加 Help 菜单，在这个菜单内增加 About me 命令列表。

```
 1  # ch16_5.py
 2  from tkinter import *
 3  from tkinter import messagebox
 4  def newFile():
 5      messagebox.showinfo("New File","打开新文件")
 6  def openFile():
 7      messagebox.showinfo("New File","打开旧文件")
 8  def saveFile():
 9      messagebox.showinfo("New File","存储文件    ")
10  def saveAsFile():
11      messagebox.showinfo("New File","另存新文件")
12  def aboutMe():
13      messagebox.showinfo("New File","洪锦魁著")
14
15  root = Tk()
```

```
16   root.title("ch16_5")
17   root.geometry("300x180")
18
19   menubar = Menu(root)                        # 创建最上层菜单
20   # 创建菜单类别对象，并将此菜单类别命名为File
21   filemenu = Menu(menubar)
22   menubar.add_cascade(label="File",menu=filemenu)
23   # 在File菜单内创建菜单列表
24   filemenu.add_command(label="New File",command=newFile)
25   filemenu.add_command(label="Open File",command=openFile)
26   filemenu.add_separator()
27   filemenu.add_command(label="Save",command=saveFile)
28   filemenu.add_command(label="Save As",command=saveAsFile)
29   filemenu.add_separator()
30   filemenu.add_command(label="Exit!",command=root.destroy)
31   # 创建菜单类别对象，并将此菜单类别命名为Help
32   helpmenu = Menu(menubar)
33   menubar.add_cascade(label="Help",menu=helpmenu)
34   # 在Help菜单内创建菜单列表
35   helpmenu.add_command(label="About me",command=aboutMe)
36   root.config(menu=menubar)                    # 显示菜单对象
37
38   root.mainloop()
```

执行结果

16-5　Alt 快捷键

快捷键是某个菜单类别或是列表指令的英文字符串内为单一字母增加下画线，然后可以用 Alt 键先启动此功能，当菜单显示下画线字母时，可以直接按指定字母键启动该功能。设计方式是在下列两个方法内增加 underline 参数。

    add_cascade(… ,underline=n) # n 代表第几个索引字母含下画线

    add_command(… ,underline=n) # n 代表第几个索引字母含下画线

add_cascade( ) 的 underline 是为菜单类别增加字母下画线，add_command( ) 的 underline 是为命令列表增加字母下画线，上述索引从 0 开始计算。当然，在将所选的字母处理成带有下画线时，必须适度选择具有代表性的字母，通常会是字符串的第一个字母。例如，File 菜单可以选择 F，Help 菜单可以选择 H，等等。有时候会发生字符串的第一个字母与先前的字母重复，例如，Save 的 S 与 Save As 的 S，这时第二个出现的字符串可以适当选择其他字母，可参考下列实例。

程序实例 ch16_6.py：重新设计程序实例 **ch16_5.py**，为菜单类别和列表命令创建快捷键。

```
1   # ch16_6.py
2   from tkinter import *
3   from tkinter import messagebox
4   def newFile():
5       messagebox.showinfo("New File","打开新文件")
6   def openFile():
```

```
 7        messagebox.showinfo("New File","打开旧文件")
 8  def saveFile():
 9        messagebox.showinfo("New File","存储文件   ")
10  def saveAsFile():
11        messagebox.showinfo("New File","另存新文件")
12  def aboutMe():
13        messagebox.showinfo("New File","洪锦魁著")
14
15  root = Tk()
16  root.title("ch16_6")
17  root.geometry("300x180")
18
19  menubar = Menu(root)                      # 创建最上层菜单
20  # 创建菜单类别对象，并将此菜单类别命名为File
21  filemenu = Menu(menubar)
22  menubar.add_cascade(label="File",menu=filemenu,underline=0)
23  # 在File菜单内创建菜单列表
24  filemenu.add_command(label="New File",command=newFile,underline=0)
25  filemenu.add_command(label="Open File",command=openFile,underline=0)
26  filemenu.add_separator()
27  filemenu.add_command(label="Save",command=saveFile,underline=0)
28  filemenu.add_command(label="Save As",command=saveAsFile,underline=5)
29  filemenu.add_separator()
30  filemenu.add_command(label="Exit!",command=root.destroy,underline=0)
31  # 创建菜单类别对象，并将此菜单类别命名为Help
32  helpmenu = Menu(menubar)
33  menubar.add_cascade(label="Help",menu=helpmenu,underline=0)
34  # 在Help菜单内创建菜单列表
35  helpmenu.add_command(label="About me",command=aboutMe,underline=1)
36  root.config(menu=menubar)                 # 显示菜单对象
37
38  root.mainloop()
```

执行结果 首先必须按 Alt 键启动此功能。

可以看到 File 的 F 和 Help 的 H 字母含下画线，按 F 键可以开启 File 菜单。

上述左图中按 N 键，可以执行 New File 命令。

16-6 Ctrl 快捷键

在设计菜单列表时也可以在指令右边设计 Ctrl+X 之类的快捷键，X 是代表一个快捷键的英文字母，要设计这类操作可以借助 accelerator 参数，然后再使用第 11 章所学的 bind( ) 方法将此快捷键绑定一个 callback( ) 方法。为了使程序简化，可以借助 Ctrl+ 快捷键的方法，下面的程序实例 ch16_7.py 简化了程序实例 ch16_6.py，专注在 Ctrl+ 快捷键的概念，笔者简化了程序实例 ch16_6.py，重新设计程序实例 ch16_7.py。

程序实例 ch16_7.py：设计 File 菜单的 New File 子菜单，可以按 Ctrl+N 组合键。

```
1  # ch16_7.py
2  from tkinter import *
3  from tkinter import messagebox
4  def newFile():
5      messagebox.showinfo("New File","打开新文件")
6
7  root = Tk()
8  root.title("ch16_7")
9  root.geometry("300x180")
10
11 menubar = Menu(root)                  # 创建最上层菜单
12 # 创建菜单类别对象，并将此菜单类别命名为File
13 filemenu = Menu(menubar)
14 menubar.add_cascade(label="File",menu=filemenu,underline=0)
15 # 在File菜单内创建菜单列表
16 filemenu.add_command(label="New File",command=newFile,
17                      accelerator="Ctrl+N")
18 filemenu.add_separator()
19 filemenu.add_command(label="Exit!",command=root.destroy,underline=0)
20 root.config(menu=menubar)             # 显示菜单对象
21 root.bind("<Control-N>",              # 快捷键绑定
22           lambda event:messagebox.showinfo("New File","打开新文件"))
23
24 root.mainloop()
```

执行结果

按Ctrl+N组合键

上述第 21、22 行是执行 Ctrl+N 组合键的绑定，由于所绑定事件会回传 event 事件给 callback( ) 方法，所以无法直接调用第 4、5 行的 newFile( ) 方法，因为 newFile( ) 方法没有传递任何参数，碰上这种问题如果凭直觉再创建一个专供此快捷键使用的方法，此例中使用 Lambda 表达式处理，以简化整个程序的设计。

16-7　创建子菜单

创建菜单时所使用的概念如下。

```
menubar = Menu(root)
filemenu = Menu(menubar)
menu.add_cascade(label="File",menu=filemenu)
```

上述是创建 File 菜单。所谓的创建子菜单就是在 File 菜单内另外创建一个子菜单。如果所要创建的子菜单是 Find 子菜单，所要建的对象是 findmenu，此时可以使用下列命令。

```
findmenu = Menu(filemenu)
        xxx                  # 这是创建子菜单列表
        xxx                  # 这是创建子菜单列表
filemenu.add_cascade(label="Find",menu=findmenu)
```

程序实例 ch16_8.py：在 File 菜单内创建 Find 子菜单，这个子菜单内有 Find Next 和 Find Pre 命令。

```
1  # ch16_8.py
2  from tkinter import *
3  from tkinter import messagebox
4  def findNext():
5      messagebox.showinfo("Find Next","寻找下一条")
6  def findPre():
7      messagebox.showinfo("Find Pre","寻找上一条")
8
9  root = Tk()
10 root.title("ch16_8")
11 root.geometry("300x180")
12
13 menubar = Menu(root)                      # 创建最上层菜单
14 # 创建菜单类别对象，并将此菜单类别命名为File
15 filemenu = Menu(menubar)
16 menubar.add_cascade(label="File",menu=filemenu,underline=0)
17 # 在File菜单内创建菜单列表
18 # 首先在File菜单内创建find子菜单对象
19 findmenu = Menu(filemenu,tearoff=False)   # 取消分隔线
20 findmenu.add_command(label="Find Next",command=findNext)
21 findmenu.add_command(label="Find Pre",command=findPre)
22 filemenu.add_cascade(label="Find",menu=findmenu)
23 # 下列是增加分隔线和创建Exit!指令
24 filemenu.add_separator()
25 filemenu.add_command(label="Exit!",command=root.destroy,underline=0)
26
27 root.config(menu=menubar)                 # 显示菜单对象
28
29 root.mainloop()
```

执行结果

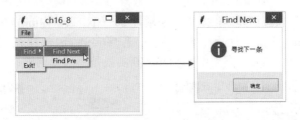

由于在子菜单的设计中一般为省略虚线分隔线设计，所以笔者在第 19 行的 Menu( ) 方法中增加了 tearoff=False。

16-8 创建弹出式菜单

当使用 Windows 操作系统时，可以在桌面上右击，此时会弹出一个菜单，这就是弹出式菜单 Popup menu，有人将此菜单称为快捷菜单。

设计这类菜单与先前需在窗口的 menubar 区创建菜单类别有一些差异，创建好 Menu 对象后，可以直接利用此对象创建指令列表，最后再右击操作绑定显示弹出菜单即可。

```
popupmenu = Menu(root,tearoff=False)                  # 隐藏虚线分隔线
popupmenu.add_command(label="xx",command="yy")        # 创建指令列表
….
root.bind("<Button-3>",callback)                      # 绑定右击显示弹出菜单
```

程序实例 ch16_9.py：设计弹出菜单，这个弹出菜单中有两个子菜单，一个是 Minimize 可以将窗口缩成图标，另一个是 Exit 结束程序。

```
1  # ch16_9.py
2  from tkinter import *
3  from tkinter import messagebox
4  def minimizeIcon():                        # 缩小窗口为图标
5      root.iconify()
6  def showPopupMenu(event):                  # 显示弹出菜单
7      popupmenu.post(event.x_root,event.y_root)
8
9  root = Tk()
10 root.title("ch16_9")
11 root.geometry("300x180")
12
13 popupmenu = Menu(root,tearoff=False)       # 创建弹出菜单对象
14 # 在弹出菜单内创建两个指令列表
15 popupmenu.add_command(label="Minimize",command=minimizeIcon)
16 popupmenu.add_command(label="Exit",command=root.destroy)
17 # 绑定右击显示弹出菜单
18 root.bind("<Button-3>",showPopupMenu)
19
20 root.mainloop()
```

执行结果

上述第 5 行的 iconify( ) 是最小化窗口，第 7 行的 post( ) 方法是由 popupmenu 对象启动，相当于可以在光标位置 (event.x_root,event.y_root) 弹出此菜单。

16-9 add_checkbutton( )

在设计菜单列表时，也可以将命令用复选框 (Checkbutton) 方式表示，也称为 Check menu button，下面将用程序实例讲解。程序实例 ch16_10.py 在执行时，在窗口下方可以看到状态栏，View 菜单中的 Status 其实就是用的复选框命令。

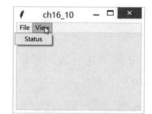

上述工作原理是当 Status 状态为 True 时，Status 左边可以有勾选符号，同时窗口下方会有状态栏，可参考上方左图。当 Status 状态是 False 时，左边没有勾选符号，同时窗口下方不会有状态栏，可参考上方右图。Check menu button 的工作原理和 Widget

对象 Checkbutton 相同，单击可以切换状态是 True 或 False。

程序实例 ch16_10.py：设计当 Status 为 True 时可以显示状态栏，当 Status 为 False 时可以隐藏状态栏，这个程序的状态栏是用标签 Label 方式处理，可以参考第 30 ～ 34 行。

```
1   # ch16_10.py
2   from tkinter import *
3
4   def status():                        # 设置是否显示状态栏
5       if demoStatus.get():
6           statusLabel.pack(side=BOTTOM,fill=X)
7       else:
8           statusLabel.pack_forget()
9
10  root = Tk()
11  root.title("ch16_10")
12  root.geometry("300x180")
13
14  menubar = Menu(root)                  # 创建最上层菜单
15  # 创建菜单类别对象，并将此菜单类别命名为File
16  filemenu = Menu(menubar,tearoff=False)
17  menubar.add_cascade(label="File",menu=filemenu)
18  # 在File菜单内创建菜单列表Exit
19  filemenu.add_command(label="Exit",command=root.destroy)
20  # 创建菜单类别对象，并将此菜单类别命名为View
21  viewmenu = Menu(menubar,tearoff=False)
22  menubar.add_cascade(label="View",menu=viewmenu)
23  # 在View菜单内创建Check menu button
24  demoStatus = BooleanVar()
25  demoStatus.set(True)
26  viewmenu.add_checkbutton(label="Status",command=status,
27                           variable=demoStatus)
28  root.config(menu=menubar)            # 显示菜单对象
29
30  statusVar = StringVar()
31  statusVar.set("显示")
32  statusLabel = Label(root,textvariable=statusVar,relief="raised")
33  statusLabel.pack(side=BOTTOM,fill=X)
34
35  root.mainloop()
```

执行结果 可参考前面解说。

上述程序的重点如下，第 24 ～ 27 行在 View 菜单内使用 add_checkbutton( ) 创建 Check menu button，此对象名称是 Status，同时使用 demoStatus 布尔变量记录目前状态是 True 或 False，这个 Status 对象当有状态改变时会执行 status( ) 方法。

在第 4 ～ 8 行的 status( ) 方法中如果目前 demoStatus 是 True，执行第 6 行包装显示窗口的标签状态栏，相当于显示 statusLabel。如果目前 demoStatus 是 False，执行第 8 行的 statusLabel.pack_forget( )，这个方法可以隐藏标签状态栏。

16-10 创建工具栏 Toolbar

在前面章节中已经学会使用将一系列类似命令组成菜单。在窗口程序设计中，另一个很重要的概念是将常用的命令组成工具栏，放在窗口内以方便用户随时调用。tkinter 模块没有提供 Toolbar 模块，不过可以使用 Frame 创建工具栏。

程序实例 ch16_11.py：这个程序会创建一个 File 菜单，菜单内有 Exit 命令。这个程序也创建了一个工具栏，在工具栏内有 exitBtn 按钮。这个程序不论是执行 File 菜单的

Exit 命令或是单击工具栏中的 exitBtn 按钮，都可以让程序结束。

```
1   # ch16_11.py
2   from tkinter import *
3
4   root = Tk()
5   root.title("ch16_11")
6   root.geometry("300x180")
7
8   menubar = Menu(root)                          # 创建最上层菜单
9   # 创建菜单类别对象，并将此菜单类别命名为File
10  filemenu = Menu(menubar,tearoff=False)
11  menubar.add_cascade(label="File",menu=filemenu)
12  # 在File菜单内创建菜单列表Exit
13  filemenu.add_command(label="Exit",command=root.destroy)
14
15  # 创建工具栏
16  toolbar = Frame(root,relief=RAISED,borderwidth=3)
17  # 在工具栏内创建按钮
18  sunGif = PhotoImage(file="sun.gif")
19  exitBtn = Button(toolbar,image=sunGif,command=root.destroy)
20  exitBtn.pack(side=LEFT,padx=3,pady=3)      # 包装按钮
21  toolbar.pack(side=TOP,fill=X)              # 包装工具栏
22  root.config(menu=menubar)                  # 显示菜单对象
23
24  root.mainloop()
```

执行结果

其实，这个程序中所用到的都是已经学过的概念，基本步骤如下。

(1) 第 8 ～ 11 行，创建 File 菜单。

(2) 第 13 行，在 File 菜单内创建 Exit 命令，设定 command=root.destroy。

(3) 第 16 行，创建工具栏 toolbar。

(4) 第 19、20 行，在工具栏 toolbar 内创建和包装 exitBtn 按钮。

(5) 第 21 行，包装工具栏。

(6) 第 22 行，显示菜单。

当然，上述程序也有工具栏太高的缺点，这是因为 GIF 格式的图像太大，读者在设计类似程序时只要缩小 GIF 格式的图像即可。

17

第 17 章

文字区域 Text

本章摘要

第 5 章中的 Entry 控件主要是处理单行的文字输入，本章所要介绍的 Text 控件可以视为 Entry 的扩充，可以处理多行的输入。另外，也可以在文字中嵌入图像或是提供格式化功能。因此，实际上可以将此 Text 视为简单的文字处理软件，甚至也可以作为网页浏览器使用。

17-1 文字区域 Text 的基本概念

Text 的构造方法如下。

```
Text(父对象, options, …)
```

Text( ) 方法的第一个参数是父对象，表示这个文字区域将创建在哪一个父对象内。下列是 Text( ) 方法内其他常用的 options 参数。

(1) bg 或 background：背景色彩。

(2) borderwidth 或 bd：边界宽度，默认是 2 px。

(3) cursor：当光标在文本框上时的光标形状。

(4) exportselection：如果执行选择操作时，所选择的字符串会自动输出至剪贴板，如果想要避免如此可以设置 exportselection=0。

(5) fg 或 froeground：字形色彩。

(6) font：字形。

(7) height：高，单位是字符高，实际高度会视字符高度而定。

(8) highlightbackground：当文本框取得焦点时的背景颜色。

(9) highlightcolor：当文本框取得焦点时的颜色。

(10) highlightthickness：当文本框取得焦点时的厚度，默认值是 1。

(11) insertbackground：插入光标的颜色，默认是黑色。

(12) insertborderwidth：围绕插入光标的 3D 厚度，默认是 0。

(13) padx：Text 上、下框与文字最上、最下的间距。

(14) pady：Text 上、下框与文字最上、最下的间距。

(15) relief：默认是 relief=SUNKEN，可由此控制文字外框。

(16) selectbackground：被选择字符串的背景颜色。

(17) selectborderwidth：选择字符串时的边界宽度，默认值是 1。

(18) selectforeground：被选择字符串的前景色。

(19) state：输入状态，默认是 NORMAL，表示可以输入，DISABLED 则是无法编辑。

(20) tab：可设置按 Tab 键时，如何定位插入点。

(21) width：Text 的宽，单位是字符宽。

(22) wrap：可控制某行太长时的处理，预设是 wrap=CHAR，当某行太长时可从字符做断行。当 wrap=WORD 时只能从字做断行。

(23) xcrollcommand：*X* 轴使用滚动条。

(24) ycrollcommand：*Y* 轴使用滚动条。

程序实例 ch17_1.py：创建一个高度是 2，宽度是 30 的 Text 文字区域，然后输入文字，并观察执行结果。

```
1   # ch17_1.py
2   from tkinter import *
3
4   root = Tk()
5   root.title("ch17_1")
6
7   text = Text(root,height=2,width=30)
8   text.pack()
9
10  root.mainloop()
```

执行结果　下面分别是没有输入、输入两行数据、输入 3 行数据的结果。

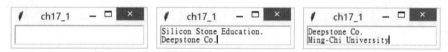

从上图可以发现，若是输入文字超过两行，将导致第一行数据被隐藏，若是输入更多行将造成更多文字被隐藏，虽然可以用移动光标的方式重新看到第一行文字，但是对于不了解程序结构的人而言，还是极可能误会 Text 文字区域的内容。最后要注意的是，放大窗口并不会放大 Text 文字区域，可参考下图。

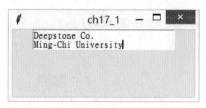

当然，也可以重新设置第 7 行 Text( ) 方法内的 height 和 width 参数，让 Text 文字区域可以容纳更多数据。不过至少在此读者应该可以体会如何使用 Text 控件创建输入多行文字的程序了。

17-2　插入文字 insert( )

insert( ) 可以将字符串插入指定的索引位置，它的使用格式如下。

```
insert(index, string)
```

若是参数 index 位置使用 END 或是 INSERT，表示将字符串插入文件末端位置。

程序实例 ch17_2.py：将字符串插入 Text 文字区域末端位置。

```
1   # ch17_2.py
2   from tkinter import *
3
4   root = Tk()
5   root.title("ch17_2")
6
7   text = Text(root,height=3,width=30)
8   text.pack()
9   text.insert(END,"Python王者归来\nJava王者归来\n")
10  text.insert(INSERT,"深石数字公司")
11
12  root.mainloop()
```

执行结果

程序实例 ch17_3.py：插入一个长为 30 的字符串，并观察执行结果。

```
1   # ch17_3.py
2   from tkinter import *
3
4   root = Tk()
5   root.title("ch17_3")
6
7   text = Text(root,height=3,width=30)
8   text.pack()
9   str = """Silicon Stone Education is an unbiased organization,
10  concentrated on bridging the gap between academic and the
11  working world in order to benefit society as a whole.
12  We have carefully crafted our online certification system and
13  test content databases. The content for each topic is created
14  by experts and is all carefully designed with a comprehensive
15  knowledge to greatly benefit all candidates who participate.
16  """
17  text.insert(END,str)
18
19  root.mainloop()
```

执行结果

还是只能看到部分字符串内容，为了改进此状况，可以使用将滚动条 Scrollbar 加入此 Text 控件，然后用滚动条方式查看内容，可参考 17-3 节内容。

17-3 Text 加上滚动条 Scrollbar 设计

在 12-8 节曾说明过滚动条 Scrollbar 的用法，同时也将 Scrollbar 与 Listbox 进行过结合，我们可以参考该节思想将 Scrollbar 应用在 Text 控件中。

程序实例 ch17_4.py：修改 ch17_3.py，将原先只显示 3 行文字改成显示 5 行文字，另外主要是将 Scrollbar 应用在 Text 控件中，让整个 Text 文字区域增加 Y 轴的滚动条。

```
1  # ch17_4.py
2  from tkinter import *
3
4  root = Tk()
5  root.title("ch17_4")
6
7  yscrollbar = Scrollbar(root)                  # Y轴scrollbar对象
8  text = Text(root,height=5,width=30)
9  yscrollbar.pack(side=RIGHT,fill=Y)            # Y轴scrollbar包装显示
10 text.pack()
11 yscrollbar.config(command=text.yview)         # Y轴scrollbar设置
12 text.config(yscrollcommand=yscrollbar.set)    # Text控件设置
13
14 str = """Silicon Stone Education is an unbiased organization,
15 concentrated on bridging the gap between academic and the
16 working world in order to benefit society as a whole.
17 We have carefully crafted our online certification system and
18 test content databases. The content for each topic is created
19 by experts and is all carefully designed with a comprehensive
20 knowledge to greatly benefit all candidates who participate.
21 """
22 text.insert(END,str)
23
24 root.mainloop()
```

执行结果

从上述执行结果可以发现，现在可以拖动垂直滚动条，向下拖动查看更多内容了。

程序实例 ch17_5.py：扩充设计程序实例 ch17_4.py，增加 X 轴的滚动条。请留意第 9 行，若是想显示 X 轴的滚动条必须设置 wrap="none"。

```
1  # ch17_5.py
2  from tkinter import *
3
4  root = Tk()
5  root.title("ch17_5")
6
7  xscrollbar = Scrollbar(root,orient=HORIZONTAL)  # X轴scrollbar对象
8  yscrollbar = Scrollbar(root)                    # Y轴scrollbar对象
9  text = Text(root,height=5,width=30,wrap="none")
10 xscrollbar.pack(side=BOTTOM,fill=X)             # X轴scrollbar包装显示
11 yscrollbar.pack(side=RIGHT,fill=Y)              # Y轴scrollbar包装显示
12 text.pack()
13 xscrollbar.config(command=text.xview)           # X轴scrollbar设置
14 yscrollbar.config(command=text.yview)           # Y轴scrollbar设置
15 text.config(xscrollcommand=xscrollbar.set)      # X轴scrollbar绑定text
16 text.config(yscrollcommand=yscrollbar.set)      # Y轴scrollbar绑定text
17
18 str = """Silicon Stone Education is an unbiased organization,
19 concentrated on bridging the gap between academic and the
20 working world in order to benefit society as a whole.
21 We have carefully crafted our online certification system and
22 test content databases. The content for each topic is created
23 by experts and is all carefully designed with a comprehensive
24 knowledge to greatly benefit all candidates who participate.
25 """
26 text.insert(END,str)
27
28 root.mainloop()
```

执行结果

上图中可以拖动水平滚动条左右移动，查看完整的内容。如果将窗口变大，仍然可以看到所设置的 Text 文字区域，由于没有使用 fill 或 expand 参数做更进一步的设置，所以 Text 文字区域将保持第 9 行 height 和 width 的参数设置，不会更改，如下图所示。

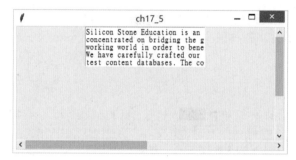

设计 Text 文字区域时，如果想让此区域随着窗口更改大小，在使用 pack( ) 时，可适度地使用 fill 和 expand 参数。

程序实例 ch17_6.py：扩充设计程序实例 ch17_5.py，让 Text 文字区域随着窗口扩充而扩充。为了让文字区域明显，将此区域的背景设为黄色，可参考第 9 行的设置。第 12 行则是让窗口扩充时，Text 文字区域也同步扩充。

```
 9  text = Text(root,height=5,width=30,wrap="none",bg="lightyellow")
10  xscrollbar.pack(side=BOTTOM,fill=X)              # X轴scrollbar包装显示
11  yscrollbar.pack(side=RIGHT,fill=Y)              # Y轴scrollbar包装显示
12  text.pack(fill=BOTH,expand=True)
```

执行结果

17-4 字形

在第 2-6 节曾说明字形 Font 的概念,在 tkinter.font 模块内有 Font ( ) 方法,可以由此方法设置 Font 的相关参数,例如,family、size、weight、slant、underline、overstrike。本节将分成三节讲解最常用的三个 Font 参数:family、weight 和 size。

17-4-1 family

family 用于设置 Text 文字区域的字形,下面将以实例说明此参数对于文字区域字形的影响。

程序实例 ch17_7.py:创建一个 Text 文字区域,然后在上方创建一个 OptionMenu 对象,在这个对象内创建了 Arial、Times、Courier 三种字形,其中,Arial 是默认的字形,用户可以在 Text 文字区域输入文字,然后选择字形,可以看到所输入的文字将因所选择的字形而有不同的变化。

```python
1  # ch17_7.py
2  from tkinter import *
3  from tkinter.font import Font
4
5  def familyChanged(event):                    # font family更新
6      f=Font(family=familyVar.get())           # 取得新font family
7      text.configure(font=f)                   # 更新text的font family
8
9  root = Tk()
10 root.title("ch17_7")
11 root.geometry("300x180")
12
13 # 创建font family OptionMenu
14 familyVar = StringVar()
15 familyFamily = ("Arial","Times","Courier")
16 familyVar.set(familyFamily[0])
17 family = OptionMenu(root,familyVar,*familyFamily,command=familyChanged)
18 family.pack(pady=2)
19
20 # 创建Text
21 text = Text(root)
22 text.pack(fill=BOTH,expand=True,padx=3,pady=2)
23 text.focus_set()
24
25 root.mainloop()
```

执行结果

这个程序中的第 13 ～ 18 行,有关创建 OptionMenu 对象的内容可以参考 13-1 节;第 21 ～ 23 行,有关创建 Text 文字区域的内容可参考前几节的叙述。对读者而言最重要的是第 6 行,可以取得所选择的 font family,然后在第 7 行设置让 Text 文字区域使用此字形。

上述程序实例所使用的 OptionMenu 是使用 tkinter 的 Widget，如果使用 tkinter.ttk 将看到不一样的外观，可参考程序实例 ch17_7_1.py。

程序实例 ch17_7_1.py：使用 tkinter.ttk 模块的 OptionMenu 重新设计程序实例 ch17_7.py，这个程序主要是增加第 4 行。

```
4  from tkinter.ttk import *
```

执行结果

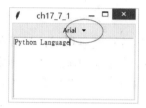

17-4-2　weight

weight 用于设置 Text 文字区域的字是否是粗体，下面将以实例说明此参数对于文字区域字形的影响。

程序实例 ch17_8.py：扩充程序实例 ch17_7.py，先使用 Frame 创建一个 Toolbar，然后将 family 对象放在此 Toolbar 内，同时靠左对齐。然后创建 weight 对象，默认的 weight 是 normal，将此对象放在 family 对象右边，用户可以在 Text 文字区域输入文字，然后可以选择字形或是 weight 方式，可以看到所输入的文字将因所选择的字形或 weight 方式而有不同的变化。

```
1  # ch17_8.py
2  from tkinter import *
3  from tkinter.font import Font
4
5  def familyChanged(event):              # font family更新
6      f=Font(family=familyVar.get())     # 取得新font family
7      text.configure(font=f)             # 更新text的font family
8  def weightChanged(event):              # weight family更新
9      f=Font(weight=weightVar.get())     # 取得新font weight
10     text.configure(font=f)             # 更新text的font weight
11
12 root = Tk()
13 root.title("ch17_8")
14 root.geometry("300x180")
15
16 # 创建工具栏
17 toolbar = Frame(root,relief=RAISED,borderwidth=1)
18 toolbar.pack(side=TOP,fill=X,padx=2,pady=1)
19
20 # 创建font family OptionMenu
21 familyVar = StringVar()
22 familyFamily = ("Arial","Times","Courier")
23 familyVar.set(familyFamily[0])
24 family = OptionMenu(toolbar,familyVar,*familyFamily,command=familyChanged)
25 family.pack(side=LEFT,pady=2)
26
27 # 创建font weight OptionMenu
28 weightVar = StringVar()
```

```
29  weightFamily = ("normal","bold")
30  weightVar.set(weightFamily[0])
31  weight = OptionMenu(toolbar,weightVar,*weightFamily,command=weightChanged)
32  weight.pack(pady=3,side=LEFT)
33
34  # 创建Text
35  text = Text(root)
36  text.pack(fill=BOTH,expand=True,padx=3,pady=2)
37  text.focus_set()
38
39  root.mainloop()
```

执行结果

上述程序实例所使用的 OptionMenu 是使用 tkinter 的 Widget，如果使用 tkinter.ttk 将看到不一样的外观，可参考程序实例 ch17_8_1.py。

程序实例 ch17_8_1.py：使用 tkinter.ttk 模块的 OptionMenu 重新设计程序实例 ch17_8.py，这个程序主要是增加第 4 行。

```
4  from tkinter.ttk import *
```

执行结果

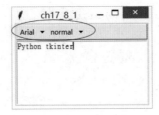

17-4-3　size

size 用于设置 Text 文字区域的字号，下面将以实例说明此参数对于文字区域字号的影响。

程序实例 ch17_9.py：扩充程序实例 ch17_8.py，扩充使用 13-2 节的 Combobox 对象设置字号，字号的区间是 8 ~ 30，其中默认大小是 12。将此对象放在 weight 对象右边，用户可以在 Text 文字区域输入文字，然后可以选择字形、weight 或字号，可以看到所输入的文字将因所选择的字形或 weight 或字号而有不同的变化。

```
1  # ch17_9.py
2  from tkinter import *
3  from tkinter.font import Font
4  from tkinter.ttk import *
5  def familyChanged(event):                    # font family更新
```

```
6      f=Font(family=familyVar.get())              # 取得新font family
7      text.configure(font=f)                       # 更新text的font family
8  def weightChanged(event):                        # weight family更新
9      f=Font(weight=weightVar.get())               # 取得新font weight
10     text.configure(font=f)                        # 更新text的font weight
11 def sizeSelected(event):                          # size family更新
12     f=Font(size=sizeVar.get())                    # 取得新font size
13     text.configure(font=f)                        # 更新text的font size
14
15 root = Tk()
16 root.title("ch17_9")
17 root.geometry("300x180")
18
19 # 创建工具栏
20 toolbar = Frame(root,relief=RAISED,borderwidth=1)
21 toolbar.pack(side=TOP,fill=X,padx=2,pady=1)
22
23 # 创建font family OptionMenu
24 familyVar = StringVar()
25 familyFamily = ("Arial","Times","Courier")
26 familyVar.set(familyFamily[0])
27 family = OptionMenu(toolbar,familyVar,*familyFamily,command=familyChanged)
28 family.pack(side=LEFT,pady=2)
29
30 # 创建font weight OptionMenu
31 weightVar = StringVar()
32 weightFamily = ("normal","bold")
33 weightVar.set(weightFamily[0])
34 weight = OptionMenu(toolbar,weightVar,*weightFamily,command=weightChanged)
35 weight.pack(pady=3,side=LEFT)
36
37 # 创建font size Combobox
38 sizeVar = IntVar()
39 size = Combobox(toolbar,textvariable=sizeVar)
40 sizeFamily = [x for x in range(8,30)]
41 size["value"] = sizeFamily
42 size.current(4)
43 size.bind("<<ComboboxSelected>>",sizeSelected)
44 size.pack(side=LEFT)
45
46 # 创建Text
47 text = Text(root)
48 text.pack(fill=BOTH,expand=True,padx=3,pady=2)
49 text.focus_set()
50
51 root.mainloop()
```

执行结果

17-5 选择文字

Text 对象的 get( ) 方法可以取得目前所选的文字，在使用 Text 文字区域时，如果有选择文字操作发生时，Text 对象会将所选文字的起始索引放在 SEL_FIRST，结束索引放在 SEL_LAST，将 SEL_FIRST 和 SEL_LAST 当作 get( ) 的参数，就可以获得目前所选的文字，可以参考程序实例 ch17_10.py 第 6 行。

程序实例 ch17_10.py：当单击 **Print selection** 按钮时，可以在 **Python Shell** 窗口列出目前所选的文字。

```python
1   # ch17_10.py
2   from tkinter import *
3
4   def selectedText():                              # 打印所选的文字
5       try:
6           selText = text.get(SEL_FIRST,SEL_LAST)
7           print("选取文字: ",selText)
8       except TclError:
9           print("没有选取文字")
10
11  root = Tk()
12  root.title("ch17_10")
13  root.geometry("300x180")
14
15  # 创建 Button
16  btn = Button(root,text="Print selection",command=selectedText)
17  btn.pack(pady=3)
18
19  # 创建 Text
20  text = Text(root)
21  text.pack(fill=BOTH,expand=True,padx=3,pady=2)
22  text.insert(END,"Love You Like A Love Song")      # 插入文字
23
24  root.mainloop()
```

执行结果

在上述第 4 ～ 9 行的 selectedText( ) 方法中，使用 try…except，如果有选择文字，会列出所选的文字；如果没有选择文字就单击 Print selection 按钮将造成执行第 6 行 get( ) 方法时产生异常，这时会产生 TclError 的异常，此时在 Python Shell 窗口列出"没有选择文字"。

17-6　认识 Text 的索引

Text 对象的索引并不是单一数字，而是一个字符串。索引的目的是让 Text 控件处理更进一步的文件操作。下列是常见的索引形式。

(1) line/column("line.column")：计数方式 line 是从 1 开始，column 从 0 开始计数，中间用句点分隔。

(2) INSERT：目前插入点的位置。

(3) CURRENT：光标目前位置相对于字符的位置。

(4) END：缓冲区最后一个字符后的位置。

(5) 表达式 Expression：索引使用表达式，下列是说明，相关实例可以参考 17-11 节的程序实例 ch17_21.py。

① "+count chars"，count 是数字，例如，"+2c" 索引往后移动两个字符。

② "-count chars"，count 是数字，例如，"-2c" 索引往前移动两个字符。

上述是用字符串形式表示，也可以使用 index( ) 方法，实际用字符串方式列出索引内容。

程序实例 ch17_11.py：扩充设计程序实例 ch17_10.py，同时将所选的文字以常用的 "line. column" 字符串方式显示。

```
4   def selectedText():                              # 输出所选的文字
5       try:
6           selText = text.get(SEL_FIRST,SEL_LAST)
7           print("选择文字: ",selText)
8           print("selectionstart: ", text.index(SEL_FIRST))
9           print("selectionend  : ", text.index(SEL_LAST))
10      except TclError:
11          print("没有选择文字")
```

执行结果

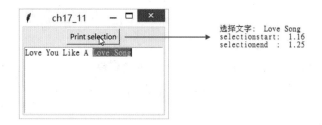

程序实例 ch17_12.py：列出 INSERT、CURRENT、END 的位置。

```
1   # ch17_12.py
2   from tkinter import *
3
4   def printIndex():                                # 输出索引
5       print("INSERT : ", text.index(INSERT))
6       print("CURRENT: ", text.index(CURRENT))
7       print("END    : ", text.index(END))
8
9   root = Tk()
10  root.title("ch17_12")
11  root.geometry("300x180")
12
13  # 创建Button
14  btn = Button(root,text="Print index",command=printIndex)
15  btn.pack(pady=3)
16
17  # 创建Text
18  text = Text(root)
19  text.pack(fill=BOTH,expand=True,padx=3,pady=2)
20  text.insert(END,"Love You Like A Love Song\n")   # 插入文字
21  text.insert(END,"梦醒时分")                        # 插入文字
22
23  root.mainloop()
```

执行结果

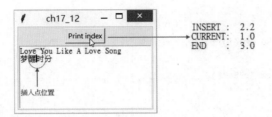

由于光标一直在 Print index 按钮上，所以列出的 CURRENT 是在 1.0 索引位置，其实如果在文件位置单击时，CURRENT 的索引位置会变动，此时 INSERT 的索引位置会随着 CURRENT 更改。之前了解了 insert( ) 方法，可以在文件末端插入文字，当我们了解索引的概念后，其实也可以利用索引位置插入文件。

程序实例 ch17_13.py：在指定索引位置插入文字。

```
1  # ch17_13.py
2  from tkinter import *
3
4  root = Tk()
5  root.title("ch17_13")
6  root.geometry("300x180")
7
8  # 创建Text
9  text = Text(root)
10 text.pack(fill=BOTH,expand=True,padx=3,pady=2)
11 text.insert(END,"Love You Like A Love Song\n")   # 插入文字
12 text.insert(1.14,"梦醒时分 ")                       # 插入文字
13
14 root.mainloop()
```

执行结果

上述程序的重点是在 line=1，column=14 位置插入文字"梦醒时分"。

17-7 创建书签

在编辑文件时，可以在文件特殊位置创建书签 (Marks)，以方便查询。书签是无法显示的，但会在编辑系统内被记录。如果书签内容被删除，则此书签也将自动被删除。 其实在 tkinter 内默认有两个书签：INSERT 和 CURRENT，它们的相对位置可以参考 17-6 节。下列是常用的书签相关方法。

(1) index(mark)：传回指定书签的 line 和 column。

(2) mark_names( )：传回这个 Text 对象所有的书签。

(3) mark_set(mark,index)：在指定的 index 位置设置书签。

(4) mark_unset(mark)：取消指定书签设置。

程序实例 ch17_14.py：设置两个书签，然后列出书签间的内容。

```
1  # ch17_14.py
2  from tkinter import *
3
4  root = Tk()
5  root.title("ch17_14")
```

```
 6  root.geometry("300x180")
 7
 8  text = Text(root)
 9
10  for i in range(1,10):
11      text.insert(END,str(i) + ' Python GUI设计王者归来 \n')
12
13  # 设置书签
14  text.mark_set("mark1","5.0")
15  text.mark_set("mark2","8.0")
16
17  print(text.get("mark1","mark2"))
18  text.pack(fill=BOTH,expand=True)
19
20  root.mainloop()
```

执行结果 下方右图是 Python Shell 窗口的输出。

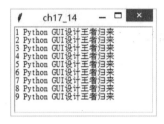

17-8 标签

标签 (Tags) 是指一个区域文字，然后我们可以为这个区域取一个名字，这个名字称作标签，可以使用此标签名字代表这个区域文字。有了标签后，可以针对此标签做更进一步的工作，例如，将字形、色彩等应用在此标签上。下列是常用的标签方法。

(1) tag_add(tagname,startindex[,endindex] ⋯)：将 startindex 和 endindex 间的文字命名为 tagname 标签。

(2) tag_config(tagname,options, ⋯)：可以为标签执行特定的编辑，或动作绑定。

① background：背景颜色。

② borderwidth：文字外围宽度，默认是 0。

③ font：字形。

④ foreground：前景颜色。

⑤ justify：对齐方式，默认是 LEFT，也可以是 RIGHT 或 CENTER。

⑥ overstrike：如果是 True，加上删除线。

⑦ underline：如果是 True，加上下画线。

⑧ wrap：当使用 wrap 模式时，可以使用 NONE、CHAR 或 WORD。

(3) tag_delete(tagname)：删除此标签，同时移除此标签特殊的编辑或绑定。

(4) tag_remove(tagname[,startindex[,endindex]] ⋯)：删除标签，但是不移除此标签特殊的编辑或绑定。

　　除了可以使用 tag_add( ) 自行定义标签外，系统还有一个内建标签 SEL，代表所选择的区间。处理字形时会影响整个 Text 对象的文字，在 17.4 节，了解了标签的概念后，就可以针对特定区间文字或所选择的文字做编辑了。

程序实例 ch17_15.py：这个程序的第 14、15 行会先设定两个书签，然后第 18 行将两个书签间的文字设为 tag1，最后针对此 tag1 设置前景颜色是蓝色，背景颜色是浅黄色。

```
1   # ch17_15.py
2   from tkinter import *
3
4   root = Tk()
5   root.title("ch17_15")
6   root.geometry("300x180")
7
8   text = Text(root)
9
10  for i in range(1,10):
11      text.insert(END,str(i) + ' Python GUI设计王者归来 \n')
12
13  # 设置书签
14  text.mark_set("mark1","5.0")
15  text.mark_set("mark2","8.0")
16
17  # 设置标签
18  text.tag_add("tag1","mark1","mark2")
19  text.tag_config("tag1",foreground="blue",background="lightyellow")
20  text.pack(fill=BOTH,expand=True)
21
22  root.mainloop()
```

执行结果

```
ch17_15                    —  □  ×
1 Python GUI设计王者归来
2 Python GUI设计王者归来
3 Python GUI设计王者归来
4 Python GUI设计王者归来
5 Python GUI设计王者归来
6 Python GUI设计王者归来
7 Python GUI设计王者归来
8 Python GUI设计王者归来
9 Python GUI设计王者归来
```

程序实例 ch17_16.py：设计当选择文字时，可以依所选的文字大小显示所选文字。

```
1   # ch17_16.py
2   from tkinter import *
3   from tkinter.font import Font
4   from tkinter.ttk import *
5
6   def sizeSelected(event):                    # size family更新
7       f=Font(size=sizeVar.get())              # 取得新font size
8       text.tag_config(SEL,font=f)
9
10  root = Tk()
11  root.title("ch17_16")
12  root.geometry("300x180")
13
14  # 创建工具栏
15  toolbar = Frame(root,relief=RAISED,borderwidth=1)
16  toolbar.pack(side=TOP,fill=X,padx=2,pady=1)
17
18  # 创建font size Combobox
19  sizeVar = IntVar()
20  size = Combobox(toolbar,textvariable=sizeVar)
21  sizeFamily = [x for x in range(8,30)]
22  size["value"] = sizeFamily
23  size.current(4)
24  size.bind("<<ComboboxSelected>>",sizeSelected)
25  size.pack()
26
27  # 创建Text
28  text = Text(root)
29  text.pack(fill=BOTH,expand=True,padx=3,pady=2)
30  text.insert(END,"Five Hundred Miles\n")
31  text.insert(END,"If you miss the rain I'm on,\n")
32  text.insert(END,"You will know that I am gone.\n")
33  text.insert(END,"You can hear the whistle blow\n")
34  text.insert(END,"A hundred miles,\n")
35  text.focus_set()
36
37  root.mainloop()
```

执行结果

  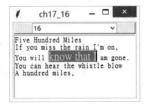

上述程序在设计时是使用 SEL 当作变更字号的依据，可参考第 8 行，所以当取消选择时，原先所编辑的文字又将返回原先大小。在程序设计时也可以在 insert( ) 方法的第三个参数增加标签 tag，之后则可以直接设置此标签。

程序实例 ch17_17.py：扩充程序实例 ch17_16.py，主要是第 30 行插入歌曲标题时，同时设置此标题为 Tag 标签 "a"，然后在第 37 行设置标签为居中对齐、蓝色、含下画线。

```
27  # 创建 Text
28  text = Text(root)
29  text.pack(fill=BOTH,expand=True,padx=3,pady=2)
30  text.insert(END,"Five Hundred Miles\n","a")        # 插入时同时设定 Tag
31  text.insert(END,"If you miss the rain I'm on,\n")
32  text.insert(END,"You will know that I am gone.\n")
33  text.insert(END,"You can hear the whistle blow\n")
34  text.insert(END,"A hundred miles,\n")
35  text.focus_set()
36  # 将 Tag a 设为置中，蓝色，含下画线
37  text.tag_config("a",foreground="blue",justify=CENTER,underline=True)
38
39  root.mainloop()
```

执行结果

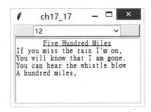

17-9 Cut、Copy 和 Paste 功能

编辑文件时剪切、复制和粘贴 (Cut、Copy、Paste) 是很常用的功能，这些功能其实已经被内建在 tkinter 中了，不过在使用这些内建功能前，作者还是想为读者创建正确概念，学习更多基本功，毕竟学会基本功可以了解工作原理，对读者而言将会更有帮助。如果想要删除所编辑的文件可以用 delete( ) 方法，在这个方法中如果想要删除的是一个字符，可以使用一个参数，这个参数可以是索引，下面是一个实例。

```
delete(INSERT)                          # 删除插入点字符
```

如果要删除所选的文本块，可以使用两个参数：起始索引与结束索引。

```
delete(SEL_FIRST, SEL_LAST)             # 删除所选文本块
delete(startindex, endindex)            # 删除指定区间文本块
```

在编辑程序时常常会需要删除整份文件，可以使用下列语法。

```
delete(1.0, END)
```

注意：以上都需要由 Text 对象启动。接下来将直接用程序实例讲解如何应用这些功能。

程序实例 ch17_18.py：使用 tkinter 设计具有 Cut、Copy 和 Paste 功能的弹出菜单，这

个菜单可以执行剪切、复制和粘贴 (Cut、Copy 和 Paste) 工作。

```
1   # ch17_18.py
2   from tkinter import *
3   from tkinter import messagebox
4   def cutJob():                                        # Cut方法
5       copyJob()                                        # 复制选取文字
6       text.delete(SEL_FIRST,SEL_LAST)                  # 删除选取文字
7   def copyJob():                                        # Copy方法
8       try:
9           text.clipboard_clear()                       # 清除剪贴板
10          copyText = text.get(SEL_FIRST,SEL_LAST)      # 复制选取区域
11          text.clipboard_append(copyText)              # 写入剪贴板
12      except TclError:
13          print("没有选择")
14  def pasteJob():                                       # Paste方法
15      try:
16          copyText = text.selection_get(selection="CLIPBOARD") # 读取剪贴板内容
17          text.insert(INSERT,copyText)                 # 插入内容
18      except TclError:
19          print("剪贴板没有数据")
20  def showPopupMenu(event):                             # 显示弹出菜单
21      popupmenu.post(event.x_root,event.y_root)
22
23  root = Tk()
24  root.title("ch17_18")
25  root.geometry("300x180")
26
27  popupmenu = Menu(root,tearoff=False)                  # 创建弹出菜单对象
28  # 在弹出菜单内创建3个指令列表
29  popupmenu.add_command(label="Cut",command=cutJob)
30  popupmenu.add_command(label="Copy",command=copyJob)
31  popupmenu.add_command(label="Paste",command=pasteJob)
32  # 右击绑定显示弹出菜单
33  root.bind("<Button-3>",showPopupMenu)
34
35  # 创建Text
36  text = Text(root)
37  text.pack(fill=BOTH,expand=True,padx=3,pady=2)
38  text.insert(END,"Five Hundred Miles\n")
39  text.insert(END,"If you miss the rain I'm on,\n")
40  text.insert(END,"You will know that I am gone.\n")
41  text.insert(END,"You can hear the whistle blow\n")
42  text.insert(END,"A hundred miles,\n")
43
44  root.mainloop()
```

执行结果

 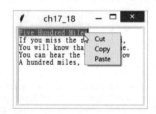

对上述程序而言，最重要的是下列三个方法。下面是 cutJob( ) 方法。

```
4   def cutJob():                                        # Cut方法
5       copyJob()                                        # 复制选择文字
6       text.delete(SEL_FIRST,SEL_LAST)                  # 删除选择文字
```

在编辑功能中执行 cut 命令时，数据是暂存在剪贴板上的，所以第 5 行先执行 copyJob( )，这个方法会将所选择的文字区间存储在剪贴板。第 6 行则是删除所选择的文字区间。下列是 copyJob( ) 方法。

```
7   def copyJob():                                          # Copy方法
8       try:
9           text.clipboard_clear()                          # 清除剪贴板
10          copyText = text.get(SEL_FIRST,SEL_LAST)          # 复制选取区域
11          text.clipboard_append(copyText)                 # 写入剪贴板
12      except TclError:
13          print("没有选择")
```

复制是将所选择的数据先复制至剪贴板，为了单纯化，在第 9 行使用 clipboard_clear( ) 方法先删除剪贴板的数据。由于如果没有选择文字就读取所选区块文字会造成异常，所以程序中增加 try … except 设计。第 10 行是将所选择的文本块读入 copyText 变量。第 11 行则是使用 clipboard_append( ) 方法将参数 copyText 变量的内容写入剪贴板。下面是 pasteJob( ) 方法的设计。

```
14  def pasteJob():                                          # Paste方法
15      try:
16          copyText = text.selection_get(selection="CLIPBOARD") # 读取剪贴板内容
17          text.insert(INSERT,copyText)                     # 插入内容
18      except TclError:
19          print("剪贴板没有数据")
```

如果剪贴板没有数据，在执行读取时会产生 TclError 异常，所以设计时增加了 try … except 设计。第 16 行调用 selection_get( ) 方法读取剪贴板中的内容，所读取的内容会存储在 copyText，第 17 行则是将所读取的 copyText 内容插入编辑区 INSERT 位置。

不过上述 Cut、Copy 和 Paste 方法目前已经内建为 tkinter 的虚拟事件，可以直接引用，可参考下列方法。

程序实例 ch17_19.py：使用内建的虚拟方法重新设计程序实例 ch17_18.py。

```
1   # ch17_19.py
2   from tkinter import *
3   from tkinter import messagebox
4   def cutJob():                                            # Cut方法
5       text.event_generate("<<Cut>>")
6   def copyJob():                                           # Copy方法
7       text.event_generate("<<Copy>>")
8   def pasteJob():                                          # Paste方法
9       text.event_generate("<<Paste>>")
10  def showPopupMenu(event):                                # 显示弹出菜单
11      popupmenu.post(event.x_root,event.y_root)
12
13  root = Tk()
14  root.title("ch17_19")
15  root.geometry("300x180")
16
17  popupmenu = Menu(root,tearoff=False)                     # 创建弹出菜单对象
18  # 在弹出菜单内创建3个指令列表
19  popupmenu.add_command(label="Cut",command=cutJob)
20  popupmenu.add_command(label="Copy",command=copyJob)
21  popupmenu.add_command(label="Paste",command=pasteJob)
22  # 右击绑定显示弹出菜单
23  root.bind("<Button-3>",showPopupMenu)
24
25  # 创建Text
26  text = Text(root)
27  text.pack(fill=BOTH,expand=True,padx=3,pady=2)
28  text.insert(END,"Five Hundred Miles\n")
29  text.insert(END,"If you miss the rain I'm on,\n")
30  text.insert(END,"You will know that I am gone.\n")
31  text.insert(END,"You can hear the whistle blow\n")
32  text.insert(END,"A hundred miles,\n")
33
34  root.mainloop()
```

执行结果 与程序实例 ch17_18.py 相同。

17-10　复原与重复

　　Text 控件有一个简单复原 (undo) 和重做 (redo) 的机制，这个机制可以应用于文字删除 (delete) 和文字插入 (insert)。Text 控件在默认环境下没有开启这个机制，如果要使用这个机制，可以在 Text( ) 方法内增加 undo=True 参数。

程序实例 ch17_20.py：扩充设计程序实例 ch17_19.py，增加工具栏，在这个工具栏内有 Undo 和 Redo 功能按钮，可以分别执行 Undo 和 Redo 工作。

```
1   # ch17_20.py
2   from tkinter import *
3   from tkinter import messagebox
4   def cutJob():                          # Cut方法
5       text.event_generate("<<Cut>>")
6   def copyJob():                         # Copy方法
7       text.event_generate("<<Copy>>")
8   def pasteJob():                        # Paste方法
9       text.event_generate("<<Paste>>")
10  def showPopupMenu(event):              # 显示弹出菜单
11      popupmenu.post(event.x_root,event.y_root)
12  def undoJob():                         # 复原undo方法
13      try:
14          text.edit_undo()
15      except:
16          print("先前未有动作")
17  def redoJob():                         # 重复redo方法
18      try:
19          text.edit_redo()
20      except:
21          print("先前未有动作")
22
23  root = Tk()
24  root.title("ch17_20")
25  root.geometry("300x180")
26
27  popupmenu = Menu(root,tearoff=False)    # 创建弹出菜单对象
28  # 在弹出菜单内创建3个指令列表
29  popupmenu.add_command(label="Cut",command=cutJob)
30  popupmenu.add_command(label="Copy",command=copyJob)
31  popupmenu.add_command(label="Paste",command=pasteJob)
32  # 右击绑定显示弹出菜单
33  root.bind("<Button-3>",showPopupMenu)
34
35  # 创建工具栏
36  toolbar = Frame(root,relief=RAISED,borderwidth=1)
37  toolbar.pack(side=TOP,fill=X,padx=2,pady=1)
38
39  # 创建Button
40  undoBtn = Button(toolbar,text="Undo",command=undoJob)
41  undoBtn.pack(side=LEFT,pady=2)
42  redoBtn = Button(toolbar,text="Redo",command=redoJob)
43  redoBtn.pack(side=LEFT,pady=2)
44
45  # 创建Text
46  text = Text(root,undo=True)
47  text.pack(fill=BOTH,expand=True,padx=3,pady=2)
48  text.insert(END,"Five Hundred Miles\n")
```

执行结果

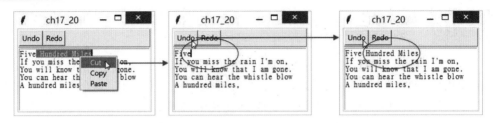

当我们在第 46 行 Text( ) 构造方法中增加 undo=True 参数后，程序第 14 行就可用 text 对象调用 edit_undo( ) 方法，这个方法会自动执行 Undo 动作。程序第 19 行就可以用 text 对象调用 edit_redo( ) 方法，这个方法会自动执行 Redo 动作。

17-11　查找文字

在 Text 控件内可以使用 search( ) 方法查找指定的字符串，这个方法会传回找到第一个指定字符串的索引位置。假设 Text 控件的对象是 text，它的语法如下。

```
pos = text.search(key, startindex, endindex)
```

(1) pos：传回所找到的字符串的索引位置，如果查找失败则传回空字符串。

(2) key：所查找的字符串。

(3) startindex：查找起始位置。

(4) endindex：查找结束位置，如果查找到文档最后可以使用 END。

程序实例 ch17_21.py：**查找文字的应用，所查找到的文字将用黄色底显示。**

```
1   # ch17_21.py
2   from tkinter import *
3
4   def mySearch():
5       text.tag_remove("found","1.0",END)          # 删除标签但是不删除标签定义
6       start = "1.0"                                 # 设置查找起始位置
7       key = entry.get()                             # 读取查找关键词
8
9       if (len(key.strip()) == 0):                   # 没有输入
10          return
11      while True:                                   # while循环查找
12          pos = text.search(key,start,END)          # 执行查找
13          if (pos == ""):                           # 找不到结束while循环
14              break
15          text.tag_add("found",pos,"%s+%dc" % (pos, len(key)))   # 加入标签
16          start = "%s+%dc" % (pos, len(key))        # 更新查找起始位置
17
18  root = Tk()
19  root.title("ch17_21")
20  root.geometry("300x180")
21
22  root.rowconfigure(1, weight=1)
23  root.columnconfigure(0, weight=1)
24
25  entry = Entry()
26  entry.grid(row=0,column=0,padx=5,sticky=W+E)
27
28  btn = Button(root,text="查找",command=mySearch)
29  btn.grid(row=0,column=1,padx=5,pady=5)
30
```

```
31  # 建立Text
32  text = Text(root,undo=True)
33  text.grid(row=1,column=0,columnspan=2,padx=3,pady=5,
34          sticky=N+S+W+E)
35  text.insert(END,"Five Hundred Miles\n")
36  text.insert(END,"If you miss the rain I'm on,\n")
37  text.insert(END,"You will know that I am gone.\n")
38  text.insert(END,"You can hear the whistle blow\n")
39  text.insert(END,"A hundred miles,\n")
40
41  text.tag_configure("found", background="yellow") # 定义未来找到的标签定义
42
43  root.mainloop()
```

执行结果

对读者而言，陌生的第一个程序代码是第 12 行。

```
12          pos = text.search(key,start,END)              # 执行查找
```

这个程序代码会查找 key 关键词，所查找的范围是 text 控件内容 start 索引至文件结束，若是查找到会传回 key 关键词出现的索引位置给 pos。读者陌生的第二个程序代码是第 15、16 行，如下。

```
15          text.tag_add("found",pos,"%s+%dc" % (pos, len(key)))  # 加入标签
16          start = "%s+%dc" % (pos, len(key))                    # 更新查找起始位置
```

上述第 15 行 pos 是加入标签的起始位置，标签的结束位置是一个索引的表达式。

```
"%s+%dc" % (pos, len(key))
```

上述是所查找到字符串的结束索引位置，相当于是 pos 位置加上 key 关键词的长度。程序第 16 行则是更新查找起始位置，为下一次查找做准备。

17-12　拼写检查

在编写文字程序时，如果想要让程序更完整，可以设计拼写检查功能，其实在本节并没有介绍 Text 控件的新功能，这算是一个应用的专题程序。

程序实例 ch17_22.py：设计一个小字典 myDict.txt，然后将 Text 控件的每个单词与字典的单词做比较，如果有不符的单词则用红色显示此单词。这个程序另外两个功能按钮："拼写检查"按钮可以执行拼写检查，"清除"按钮可以将红色显示的字改为正常显示。

```
1  # ch17_22.py
2  from tkinter import *
3
4  def spellingCheck():
5      text.tag_remove("spellErr","1.0",END)        # 删除标签但是不删除标签定义
```

```
6        textwords = text.get("1.0",END).split()       # Text控件的内容
7        print("字典内容\n",textwords)                   # 打印字典内容
8
9        startChar = ("(")                              # 可能的启始字符
10       endChar = (".", ",", ":", ";", "?", "!", ")")  # 可能的终止符
11
12       start = "1.0"                                  # 检查起始索引位置
13       for word in textwords:
14           if word[0] in startChar:                   # 是否含非字母的启始字符
15               word = word[1:]                        # 删除非字母的启始字符
16           if word[-1] in endChar:                    # 是否含非字母的终止符
17               word = word[:-1]                       # 删除非字母的终止符
18           if (word not in dicts and word.lower() not in dicts):
19               print("error", word)
20               pos = text.search(word, start, END)
21               text.tag_add("spellErr", pos, "%s+%dc" % (pos,len(word)))
22               pos = "%s+%dc" % (pos,len(word))
23
24   def clrText():
25       text.tag_remove("spellErr","1.0",END)
26
27   root = Tk()
28   root.title("ch17_22")
29   root.geometry("300x180")
30
31   #  创建工具栏
32   toolbar = Frame(root,relief=RAISED,borderwidth=1)
33   toolbar.pack(side=TOP,fill=X,padx=2,pady=1)
34
35   chkBtn = Button(toolbar,text="拼字检查",command=spellingCheck)
36   chkBtn.pack(side=LEFT,padx=5,pady=5)
37
38   clrBtn = Button(toolbar,text="清除",command=clrText)
39   clrBtn.pack(side=LEFT,padx=5,pady=5)
40
41   #  创建Text
42   text = Text(root,undo=True)
43   text.pack(fill=BOTH,expand=True)
44   text.insert(END,"Five Hundred Miles\n")
45   text.insert(END,"If you miss the rain I am on,\n")
46   text.insert(END,"You will knw that I am gone.\n")
47   text.insert(END,"You can hear the whistle blw\n")
48   text.insert(END,"A hunded miles,\n")
49
50   text.tag_configure("spellErr", foreground="red")   # 定义未来找到的标签定义
51   with open("myDict.txt", "r") as dictObj:
52       dicts = dictObj.read().split("\n")              # 自定义词典串行
53
54   root.mainloop()
```

执行结果

这个程序在执行时会先列出字典内容，如果找到不符单词会在 Python Shell 窗口
列出此单词，下面是执行结果。

```
=========== RESTART: D:\PythonGUI\ch17\ch17_22.py ===========
字典内容
['Five', 'Hundred', 'Miles', 'If', 'you', 'miss', 'the', 'rain', 'I', 'am', 'on
', 'You', 'will', 'knw', 'that', 'I', 'am', 'gone.', 'You', 'can', 'hear', 'the
', 'whistle', 'blw', 'A', 'hunded', 'miles,']
error knw
error blw
error hunded
```

17-13　存储 Text 控件内容

当使用编辑程序完成文件的编排后，下一步是将所编排的文件存储，这也是本节的重点。

程序实例 ch17_23.py：一个简单文档存储的程序。这个程序在 File 菜单中只包含两个功能：Save 和 Exit。Save 可以将所编辑的文档存储在 ch17_23.txt，Exit 则是结束此程序。程序执行时窗口标题是 Untitled，当文档存储后窗口标题将改为所存储的文档名 ch17_23.txt。

```python
1  # ch17_23.py
2  from tkinter import *
3
4  def saveFile():
5      textContent = text.get("1.0",END)
6      filename = "ch17_23.txt"
7      with open(filename,"w") as output:
8          output.write(textContent)
9          root.title(filename)
10
11 root = Tk()
12 root.title("Untitled")
13 root.geometry("300x180")
14
15 menubar = Menu(root)                    # 创建最上层菜单
16 # 创建菜单类别对象，并将此菜单类别命名为File
17 filemenu = Menu(menubar,tearoff=False)
18 menubar.add_cascade(label="File",menu=filemenu)
19 # 在File菜单内创建菜单列表
20 filemenu.add_command(label="Save",command=saveFile)
21 filemenu.add_command(label="Exit",command=root.destroy)
22 root.config(menu=menubar)              # 显示菜单对象
23
24 # 创建Text
25 text = Text(root,undo=True)
26 text.pack(fill=BOTH,expand=True)
27 text.insert(END,"Five Hundred Miles\n")
28 text.insert(END,"If you miss the rain I am on,\n")
29 text.insert(END,"You will knw that I am gone.\n")
30 text.insert(END,"You can hear the whistle blw\n")
31 text.insert(END,"A hunded miles,\n")
32
33 root.mainloop()
```

执行结果

下列是 ch17_23.txt 的内容。

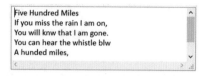

上述程序虽然可以执行存储文档的工作，但不是 GUI 的设计方式，在 GUI 的设计中应该是启动"另存为"对话框，然后可以选择将文档存储的文件夹再输入文件名。在 tkinter.filedialog 模块中有 asksaveasfilename( ) 方法，可以使用此方法，让窗口中出现对话框，再执行存储工作。

```
filename = asksaveasfilename( )
```

上述程序可以传回所存文档的路径 (含文件夹)。

程序实例 ch17_24.py：创建一个 File 菜单，在这个菜单内有 Save As 命令，执行此命令可以出现"另存为"对话框，然后可以选择文件夹以及输入文件名，最后存储文档。

```
1   # ch17_24.py
2   from tkinter import *
3   from tkinter.filedialog import asksaveasfilename
4
5   def saveAsFile():                          # 另存新文件
6       global filename
7       textContent = text.get("1.0",END)
8   # 开启"另存新文件"对话框，所输入的文件路径会回传给filename
9       filename = asksaveasfilename()
10      if filename == "":                     # 如果没有输入文件名
11          return                             # 不往下执行
12      with open(filename,"w") as output:
13          output.write(textContent)
14          root.title(filename)               # 更改root窗口标题
15
16  filename = "Untitled"
17  root = Tk()
18  root.title(filename)
19  root.geometry("300x180")
20
21  menubar = Menu(root)                       # 创建最上层菜单
22  # 创建菜单类别对象，并将此菜单类别命名为File
23  filemenu = Menu(menubar,tearoff=False)
24  menubar.add_cascade(label="File",menu=filemenu)
25  # 在File菜单内创建菜单列表
26  filemenu.add_command(label="Save As",command=saveAsFile)
27  filemenu.add_separator()
28  filemenu.add_command(label="Exit",command=root.destroy)
29  root.config(menu=menubar)                  # 显示菜单对象
30
31  # 创建Text
32  text = Text(root,undo=True)
33  text.pack(fill=BOTH,expand=True)
34  text.insert(END,"Five Hundred Miles\n")
35  text.insert(END,"If you miss the rain I am on,\n")
36  text.insert(END,"You will knw that I am gone.\n")
37  text.insert(END,"You can hear the whistle blw\n")
38  text.insert(END,"A hunded miles,\n")
39
40  root.mainloop()
```

执行结果

输入文件名

下列使用的文件名是 out17_24.txt，当单击"保存"按钮后，可以保存此文档，然后可以在窗口中看到下列结果。

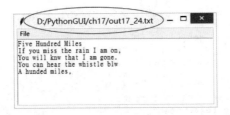

其实在正规的文字编辑程序中，需要考虑的事项有许多，例如，可以有 Save 命令，可以直接使用目前的文件名存储文档，如果尚未存盘才出现"另存为"对话框。另外，也须考虑快捷键的使用，不过经过第 16 章和第 17 章的说明，相信读者已经有能力设计这方面的程序。

上述使用最简单的 asksaveasfilename( ) 方法，其实在这个方法内有许多参数可以使用，例如，在先前的执行结果中，必须在"另存新文件"对话框的"文件名"字段输入含扩展名的文件名，如果我们感觉所输入的文件名是 txt 文档，可以参考下列实例设置参数。

程序实例 ch17_25.py：重新设计程序实例 ch17_24.py，假设所建的文档是 txt 文档。

```
8   # 开启"另存新文件"对话框，默认所存的文件扩展名是txt
9       filename = asksaveasfilename(defaultextension=".txt")
```

执行结果

可以省略扩展名最后所存盘文件是out17_25.txt

17-14　新建文档

在设计编辑程序时，有时候想要新建文档，这时编辑程序会将编辑区清空，以供编辑新的文档。它的设计方式如下。

(1) 删除 Text 控件内容，可参考下列程序第 6 行。

(2) 将窗口标题改为"Untitled"，可参考下列程序第 7 行。

程序实例 ch17_26.py：扩充设计程序实例 ch17_25.py，在 File 菜单中增加 New File 命令。读者需注意第 5 ～ 7 行新建文档的方法 newFile。另外，在第 30 行在 File 菜单中创建 New File 命令。

```python
1   # ch17_26.py
2   from tkinter import *
3   from tkinter.filedialog import asksaveasfilename
4
5   def newFile():                          # 打开新文件
6       text.delete("1.0",END)              # 删除Text控件内容
7       root.title("Untitled")              # 窗口标题改为Untitled
8
9   def saveAsFile():                       # 另存新文件
10      global filename
11      textContent = text.get("1.0",END)
12  # 开启"另存新文件"对话框，默认所存的文件扩展名是txt
13      filename = asksaveasfilename(defaultextension=".txt")
14      if filename == "":                  # 如果没有输入文件名
15          return                          # 不往下执行
16      with open(filename,"w") as output:
17          output.write(textContent)
18          root.title(filename)            # 更改root窗口标题
19
20  filename = "Untitled"
21  root = Tk()
22  root.title(filename)
23  root.geometry("300x180")
24
25  menubar = Menu(root)                    # 创建最上层菜单
26  # 创建菜单类别对象，并将此菜单类别命名为File
27  filemenu = Menu(menubar,tearoff=False)
28  menubar.add_cascade(label="File",menu=filemenu)
29  # 在File菜单内创建菜单列表
30  filemenu.add_command(label="New File",command=newFile)
31  filemenu.add_command(label="Save As",command=saveAsFile)
32  filemenu.add_separator()
33  filemenu.add_command(label="Exit",command=root.destroy)
34  root.config(menu=menubar)               # 显示菜单对象
35
36  # 创建Text
37  text = Text(root,undo=True)
38  text.pack(fill=BOTH,expand=True)
39  text.insert(END,"Five Hundred Miles\n")
40  text.insert(END,"If you miss the rain I am on,\n")
41  text.insert(END,"You will knw that I am gone.\n")
42  text.insert(END,"You can hear the whistle blw\n")
43  text.insert(END,"A hunded miles,\n")
44
45  root.mainloop()
```

执行结果

17-15　打开文档

在 tkinter.fi ledialog 模块中有 askopenfilename( ) 方法，可以使用此方法，让窗口中出现对话框，再执行选择所要打开的文档。

```
filename = askopenfilename( )
```

上述程序可以传回所存盘文档的路径（含文件夹），然后可以使用 open( ) 方法打开文档，最后将所打开的文档插入 Text 控件。步骤如下。

(1) 在打开对话框中选择欲打开的文档，可参考下列程序第 12 行。

(2) 使用 open( ) 方法打开文档，可参考下列程序第 15 行。

(3) 使用 read( ) 方法读取文档内容，可参考下列程序第 16 行。

(4) 删除 Text 控件内容，可参考下列程序第 17 行。

(5) 将所读取的文档内容插入 Text 控件，可参考下列程序第 18 行。

(6) 更改窗口标题名称，可参考下列程序第 19 行。

程序实例 ch17_27.py：扩充程序实例 ch17_26.py，增加打开文档 Open 的应用，这个程序在执行时，可以使用 File → Open 命令打开文档，然后将所打开的文档存储在 Text 控件，同时将窗口标题改为所打开的文档路径。

```
1   # ch17_27.py
2   from tkinter import *
3   from tkinter.filedialog import asksaveasfilename
4   from tkinter.filedialog import askopenfilename
5
6   def newFile():                          # 打开新文档
7       text.delete("1.0",END)              # 删除Text控件内容
8       root.title("Untitled")              # 窗口标题改为Untitled
9
10  def openFile():                         # 打开旧文档
11      global filename
12      filename = askopenfilename()        # 读取打开的文档
13      if filename == "":                  # 如果没有选择文档
14          return                          # 返回
15      with open(filename,"r") as fileObj: # 打开文档
16          content = fileObj.read()        # 读取文档内容
17      text.delete("1.0",END)              # 删除Text控件内容
18      text.insert(END,content)            # 插入所读取的文档
19      root.title(filename)                # 更改窗口标题
20
21  def saveAsFile():                       # 另存新文档
22      global filename
23      textContent = text.get("1.0",END)
24  #   打开 "另存新文件" 对话框，默认所存的文件扩展名是 txt
25      filename = asksaveasfilename(defaultextension=".txt")
26      if filename == "":                  # 如果没有输入文件名
27          return                          # 不往下执行
```

```
28      with open(filename,"w") as output:
29          output.write(textContent)
30          root.title(filename)                # 更改root窗口标题
31
32  filename = "Untitled"
33  root = Tk()
34  root.title(filename)
35  root.geometry("300x180")
36
37  menubar = Menu(root)                         # 创建最上层菜单
38  # 建立菜单类别对象,和将此菜单类别命名File
39  filemenu = Menu(menubar,tearoff=False)
40  menubar.add_cascade(label="File",menu=filemenu)
```

执行结果

上述是选择开启程序实例 ch17_26.py 所存储的文档，当单击"打开"按钮后，适度放大窗 口可以得到下列结果。

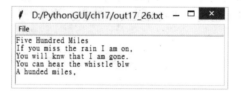

17-16 默认含滚动条的 ScrolledText 控件

17-3 节介绍了将滚动条绑定在 Text 控件中，其实前面设计了简单的文本编辑程序没有滚动条的功能，正式的文本编辑程序应该设计滚动条，可以采用 17-3 节的方法加上滚动条。另外，也可以使用 tkinter 含有滚动条的控件设计这类程序。在 tkinter.scrolledtext 模块内有 ScrolledText 控件，这是一个默认含有滚动条的 Text 控件，使用时可以先导入此模块，执行时就可以看到滚动条。

程序实例 ch17_28.py：使用 **ScrolledText** 控件取代 Text 控件重新设计程序实例 ch17_27.py，下面是导入此模块时新增第 5 行内容。

```
5  from tkinter.scrolledtext import ScrolledText
```

下面是创建 ScrolledText 取代 Text 控件的内容。

```
49  # 创建 Text
50  text = ScrolledText(root,undo=True)
```

执行结果 下面右图是开启 ch17_23.txt，然后缩小窗口高度的结果。

 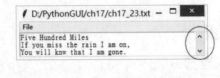

17-17 插入图像

Text 控件是允许插入图像文件的，所插入的图像文件会被视为一个字符方式进行处理，所呈现的大小会是实际图像的大小。下面将以程序实例进行讲解。

程序实例 ch17_29.py：插入图像文件的应用，所插入的图像是 hung.jpg。

```
1   # ch17_29.py
2   from tkinter import *
3   from PIL import Image, ImageTk
4
5   root = Tk()
6   root.title("ch17_29")
7
8   img = Image.open("hung.jpg")
9   myPhoto = ImageTk.PhotoImage(img)
10
11  text = Text()
12  text.image_create(END,image=myPhoto)
13  text.insert(END,"\n")
14  text.insert(END,"洪锦魁年轻时留学美国拍摄于Chicago")
15  text.pack(fill=BOTH,expand=True)
16
17  root.mainloop()
```

执行结果

第 18 章

Treeview

本章摘要

Treeview 是 tkinter.ttk 的控件，这个控件主要是提供多栏的显示功能，可以称其为树状表格数据 (Treeview)。在设计时也可以在左边栏设计成树状结构或是称层次结构，用户可以显示或隐藏任何部分，这个最左边的栏称为图标栏。

18-1　Treeview 的基本概念

设计 Treeview 控件的基本思想是，使用 Treeview 构造方法创建 Treeview 对象，它的语法如下。

```
Treeview(父对象, options, … )
```

Treeview( ) 方法的第一个参数是父对象，表示这个 Treeview 将创建在哪一个父对象内。下列是 Treeview( ) 方法内其他常用的 options 参数。

(1) columns：栏位的字符串，其中，第一个栏位是图标栏是默认的，不在此设置范围，如果设置 columns=("Name","Age")，则控件有三栏，首先是最左栏的图标栏，可以进行展开 (expand) 或是隐藏 (collapse) 操作，另外两栏是 Name 和 Age。

(2) cursor：可以设置光标在此控件上的形状。

(3) displaycolumns：可以设置栏位显示顺序。

①如果参数是"#all"表示显示所有栏，同时依创建顺序显示。

②如果设置 columns=("Name","Age","Date")，使用 insert( ) 插入元素时需要依次插入元素。同样状况如果使用 columns(2,0)，(2,0) 是指实体索引，则图标栏在最前面，紧跟着是 Date 栏，然后是 Name 栏。这种状况也可以写成 columns=("Date","Name")。

(4) height：控件每行的高度。

(5) padding：可以使用 1 ～ 4 个参数设置内容与控件框的间距，它的规则如下。

值	Left	Top	Right	Bottom
a	a	a	a	a
ab	a	b	a	b
abc	a	c	b	c
abcd	a	b	c	d

(6) selectmode：用户可以使用鼠标选择项目的方式。

① selectmode=BROWSE，一次选择一项，这是默认。

② selectmode=EXTENDED，一次可以选择多项。

③ selectmode=NONE，无法用鼠标执行选择。

(7) show：默认是设置显示图标栏的标签 show="tree"，如果省略则是显示图标栏，如果设为 show="headings"，则不显示图标栏。

(8) takefocus：默认是 True，如果不想被访问可以设为 False。

下面以实例说明更多规则。

程序实例 ch18_1.py：简单创建 Treeview 控件的应用。

```
1   # ch18_1.py
2   from tkinter import *
3   from tkinter.ttk import *
4
5   root = Tk()
6   root.title("ch18_1")
7
8   # 创建Treeview
9   tree = Treeview(root,columns=("cities"))
10  # 创建栏标题
11  tree.heading("#0",text="State")        # 图标栏位icon column
12  tree.heading("#1",text="City")
13  # 创建内容
14  tree.insert("",index=END,text="伊利诺",values="芝加哥")
15  tree.insert("",index=END,text="加州",values="洛杉矶")
16  tree.insert("",index=END,text="江苏",values="南京")
17  tree.pack()
18
19  root.mainloop()
```

执行结果 建议读者单击选择，以体会 Treeview 的基本操作，下方右图是单击选择的示范输出。

上述程序第 9 行创建 Treeview 控件，此控件名称是 tree，此控件有一个栏位，域名是 cities，未来程序设计可以使用此 cities 代表这一个栏位。经这样设置后，可以知道此多栏窗体有两个栏位，除了 cities 外，另外左边有图标栏位。

程序第 11、12 行使用 heading( ) 方法，在这个方法内创建了栏标题，其中，第一个参数 "#0" 是指最左栏图标栏位，"#1" 是指第一个栏位，所以这两行分别创建了两个栏标题。

程序第 14 ~ 16 行使用 insert( ) 方法插入 Treeview 控件内容，在这个方法中的第一个参数 ""，代表父 id，因为图标栏未来可以有树状结构，所以有这一个栏位设计，后面会有实例说明。当所建的栏是最顶层时，可以用 "" 空字符串处理。第二个参数 index=END 代表将内容插入 Treeview 末端，它的思想与 Text 控件的 END 相同。第三个参数 text 是设置图标栏的内容。第 4 个参数的 values 是设置 City 栏的内容。

执行结果

程序实例 ch18_1_1.py：重新设计程序实例 ch18_1.py，在创建 Treeview 控件时，增加 show=" headings" 参数，将不显示图标栏。

```
9   tree = Treeview(root,columns=("cities"),show="headings")
```

程序实例 ch18_2.py：**程序实例 ch18_1.py** 第 9 行 columns=("cities")，指出栏标题名称是 **cities**，可以使用此字符串代表栏位。在第 12 行使用 "#1" 代表 cities 栏，其实可以使用此 "cities" 取代 "#1"。

```
12  tree.heading("cities",text="City")
```

执行结果　与程序实例 ch18_1.py 相同。

　　在程序实例 ch18_1.py 的第 14 行 insert( ) 方法中第 4 个参数 values 是设置所插入的内容，上述由于除了图标栏外只有一个栏位，所以只是设置 values 等于字符串内容，如果有多栏时，须使用 values=(value1, value2, …)，如果所设置的内容数太少时其他栏将是空白，如果所设置的内容数太多时多出来的内容将被抛弃。

程序实例 ch18_3.py：**扩充设计程序实例 ch18_1.py**，增加 **population** 人口数栏位，其中，人口 数的单位是万人。

```
1   # ch18_3.py
2   from tkinter import *
3   from tkinter.ttk import *
4
5   root = Tk()
6   root.title("ch18_3")
7
8   # 创建Treeview
9   tree = Treeview(root,columns=("cities","populations"))
10  # 创建栏标题
11  tree.heading("#0",text="State")          # 图标栏位icon column
12  tree.heading("#1",text="City")
13  tree.heading("#2",text="Populations")
14  # 创建内容
15  tree.insert("",index=END,text="伊利诺",values=("芝加哥","800"))
16  tree.insert("",index=END,text="加州",values=("洛杉矶","1000"))
17  tree.insert("",index=END,text="江苏",values=("南京","900"))
18  tree.pack()
19
20  root.mainloop()
```

执行结果

　　由上述执行结果下面再次强调 insert( ) 方法的用法。

　　(1) text：设置图标栏的内容。

　　(2) values：设置一般栏位的内容，values=(" 芝加哥 " ,"800")，这是以顺序方式设置栏位，"芝加哥" 是第一个栏位，"800" 是第二个栏位。

其实当我们了解上述 values 参数内容后，也可以将 Python 的列表应用于创建栏位内容。

程序实例 ch18_3_1.py：重新设计程序实例 ch18_3.py，使用列表方式创建栏位内容，读者应该学习第 8 ～ 10 行设置列表内容，以及第 18 ～ 20 行将列表应用在 insert( ) 方法的 values 参数。

```
1   # ch18_3_1.py
2   from tkinter import *
3   from tkinter.ttk import *
4
5   root = Tk()
6   root.title("ch18_3_1")
7
8   list1 = ["芝加哥","800"]                    # 以列表方式设置栏内容
9   list2 = ["洛杉矶","1000"]
10  list3 = ["南京","900"]
11  # 创建Treeview
12  tree = Treeview(root,columns=("cities","populations"))
13  # 创建栏标题
14  tree.heading("#0",text="State")            # 图标字段icon column
15  tree.heading("#1",text="City")
16  tree.heading("#2",text="Populations")
17  # 创建内容
18  tree.insert("",index=END,text="伊利诺",values=list1)
19  tree.insert("",index=END,text="加州",values=list2)
20  tree.insert("",index=END,text="江苏",values=list3)
21  tree.pack()
22
23  root.mainloop()
```

执行结果 与程序实例 ch18_3.py 相同。

上述程序使用列表创建 insert( ) 方法的 values 参数内容，也可以使用元组代替，具有相同效果。

18-2 格式化 Treeview 栏位内容

Treeview 控件的 column( ) 方法主要用于格式化特定栏位的内容，它的语法格式如下。

```
column(id, options)
```

其中，**id** 是指出特定栏位，可以用字符串表达，或是用 "#index" 索引方式。下列是 options 的可能参数。

(1) anchor：可以设置栏内容参考位置。

(2) minwidth：最小栏宽，默认是 20px。

(3) stretch：默认是 1，当控件大小改变时栏宽将随着改变。

(4) width：默认栏宽是 200px。

如果使用此方法不含参数，如下所示。

```
ret = column(id)
```

将以字典方式传回特定栏所有参数的内容。

程序实例 ch18_4.py：格式化程序实例 ch18_3.py，将第 1、2 栏宽度改为 150，同时居中对齐，图标栏则不改变。

```
1   # ch18_4.py
2   from tkinter import *
3   from tkinter.ttk import *
4
5   root = Tk()
6   root.title("ch18_4")
7
8   # 创建Treeview
9   tree = Treeview(root,columns=("cities","populations"))
10  # 创建栏标题
11  tree.heading("#0",text="State")              # 图标栏位icon column
12  tree.heading("#1",text="City")
13  tree.heading("#2",text="Populations")
14  # 格式化栏位
15  tree.column("#1",anchor=CENTER,width=150)
16  tree.column("#2",anchor=CENTER,width=150)
17  # 创建内容
18  tree.insert("",index=END,text="伊利诺",values=("芝加哥","800"))
19  tree.insert("",index=END,text="加州",values=("洛杉矶","1000"))
20  tree.insert("",index=END,text="江苏",values=("南京","900"))
21  tree.pack()
22
23  root.mainloop()
```

执行结果

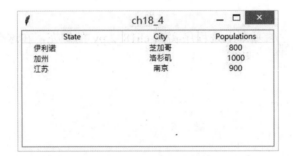

程序实例 ch18_5.py：扩充设计程序实例 ch18_4.py，以字典形式列出 cities 栏位的所有内容，这个程序只增加下列两行。

```
22  cityDict = tree.column("cities")
23  print(cityDict)
```

执行结果 下列是 Python Shell 窗口的执行结果。

```
==================== RESTART: D:\PythonGUI\ch18\ch18_5.py ====================
{'width': 150, 'minwidth': 20, 'stretch': 1, 'anchor': 'center', 'id': 'cities'}
```

18-3　创建不同颜色的行内容

创建 Treeview 控件内容时，常常会需要在不同行之间用不同底色做区分，以方便使用者查看，若是想要设计这方面的程序，可以使用 Text 控件的标签。Treeview 控件有 tag_configure( ) 方法，可以使用这个方法创建标签，然后定义此标签的格式，可参考下列指令。

```
tag_configure("tagName",options, … )
```

上述第一个参数 tagName 是标签名称，可以用此名称将此标签导入栏位数据。options 的可能参数如下。

(1) background：标签背景颜色。

(2) font：字形设置。

(3) foreground：标签前景颜色。

(4) image：图像与列表同时显示。

要将标签导入栏位使用的是 insert( ) 方法，这时需在此方法内增加 tags 参数设置，如下。要将标签导入栏位使用的是 insert( ) 方法，这时需在此方法内增加 tags 参数设置，如下。

```
insert( … . , tags = "tagName")
```

最后要讲解的是，在企业实际应用中数据量通常很庞大，这时无法使用单笔数据一步一步创建 Treeview 控件内容，适度使用 Python 的数据结构与遍历方法可以让程序变得有效率。在下列程序实例中使用字典存储数据，然后将此字典以循环方式导入 Treeview 控件内。

程序实例 ch18_6.py：基本上是程序实例 ch18_2.py 的扩充，在这个实例中将偶数行使用蓝色底显示。

```
1   # ch18_6.py
2   from tkinter import *
3   from tkinter.ttk import *
4
5   root = Tk()
6   root.title("ch18_6")
7
8   stateCity = {"伊利诺":"芝加哥","加州":"洛杉矶",
9               "得州":"休斯敦","华盛顿州":"西雅图",
10              "江苏":"南京","山东":"青岛",
11              "广东":"广州","福建":"厦门"}
12  # 创建Treeview
13  tree = Treeview(root,columns=("cities"))
14  # 创建栏标题
15  tree.heading("#0",text="State")              # 图标栏位icon column
16  tree.heading("cities",text="City")
17  # 格式栏位
18  tree.column("cities",anchor=CENTER)
19  # 创建内容,行号从1算起偶数行是用浅蓝色底
20  tree.tag_configure("evenColor", background="lightblue") # 设定标签
21  rowCount = 1                                  # 行号从1算起
22  for state in stateCity.keys():
23      if (rowCount % 2 == 1):                   # 如果True则是奇数行
24          tree.insert("",index=END,text=state,values=stateCity[state])
25      else:
26          tree.insert("",index=END,text=state,values=stateCity[state],
27                  tags=("evenColor"))          # 创建浅蓝色底
28      rowCount += 1                             # 行号数加1
29  tree.pack()
30
31  root.mainloop()
```

执行结果

18-4　创建层级式的 Treeview

层级式 (Hierarchy) 的相关知识在前几节已经介绍过，现在读者只要在图标栏先建立 top-level 的项目 id，然后将相关子项目放在所属的 top-level 项目 id 即可。

程序实例 ch18_7.py：创建层级式的 Treeview 控件内容。

```python
1   # ch18_7.py
2   from tkinter import *
3   from tkinter.ttk import *
4
5   root = Tk()
6   root.title("ch18_7")
7
8   asia = {"中国":"北京","日本":"东京","泰国":"曼谷","韩国":"首尔"}
9   euro = {"英国":"伦敦","法国":"巴黎","德国":"柏林","挪威":"奥斯陆"}
10
11  # 创建Treeview
12  tree = Treeview(root,columns=("capital"))
13  # 创建栏标题
14  tree.heading("#0",text="国家")                  # 图标栏位icon column
15  tree.heading("capital",text="首都")
16  # 创建id
17  idAsia = tree.insert("",index=END,text="Asia")
18  idEuro = tree.insert("",index=END,text="Europe")
19  # 创建idAsia底下内容
20  for country in asia.keys():
21      tree.insert(idAsia,index=END,text=country,values=asia[country])
22  # 创建idEuro底下内容
23  for country in euro.keys():
24      tree.insert(idEuro,index=END,text=country,values=euro[country])
25  tree.pack()
26
27  root.mainloop()
```

执行结果

在上述程序第 8、9 行是创建亚洲 asia 和欧洲 euro 国家与首都的字典数据。第 17、18 行则是创建亚洲国家国名与首都数据，所以第 21 行的 insert( ) 方法的第一个参数是 idAsia，这表示插入的数据放在 idAsia 层级下，程序代码设计如下。

```
tree.insert(idAsia, … )
```

第 23、24 行是创建欧洲国家国名与首都数据，所以第 24 行的 insert( ) 方法的第一个参数是 idEuro，这表示插入的数据放在 idEuro 层次下，程序代码设计如下。

```
tree.insert(idEuro, … )
```

18-5 插入图像

在 insert( ) 方法内若是增加 image 参数可以添加图像，在添加图像时需要考虑的是可能 row 的高度不足，所以必须增加高度。这时可以用下列 Style( ) 方法处理。

```
Style( ).configure( "Treeview" ,rowheight=xx)        # xx 是高度设置
```

程序实例 ch18_8.py：设计一个含有图像的 Treeview。

```
1   # ch18_8.py
2   from tkinter import *
3   from tkinter.ttk import *
4   from PIL import Image, ImageTk
5
6   root = Tk()
7   root.title("ch18_8")
8
9   Style().configure("Treeview",rowheight=35)  # 格式化扩充row高度
10
11  info = ["凤凰新闻App可以获得中国各地最新消息",
12          "瑞士国家铁路App提供全瑞士火车时刻表",
13          "可口可乐App是一个娱乐的软件"]
14
15  tree = Treeview(root,columns=("说明"))
16  tree.heading("#0",text="App")              # 图标栏位icon column
17  tree.heading("#1",text="功能说明")
18  tree.column("#1",width=300)                # 格式化栏标题
19
20  img1 = Image.open("news.jpg")              # 插入凤凰新闻App图标
21  imgObj1 = ImageTk.PhotoImage(img1)
22  tree.insert("",index=END,text="凤凰新闻",image=imgObj1,values=info[0])
23
24  img2 = Image.open("sbb.jpg")               # 插入瑞士国家铁路App图标
25  imgObj2 = ImageTk.PhotoImage(img2)
26  tree.insert("",index=END,text="瑞士铁路",image=imgObj2,values=info[1])
27
28  img3 = Image.open("coca.jpg")              # 插入可口可乐App图标
29  imgObj3 = ImageTk.PhotoImage(img3)
30  tree.insert("",index=END,text="可口可乐",image=imgObj3,values=info[2])
31  tree.pack()
32
33  root.mainloop()
```

执行结果 上述如果没有增加第 9 行，将看到下方左图的结果。

18-6 Selection 选项发生与事件触发

18-1 节曾有说明在 Treeview 控件中可以有三种选择模式，分别是 BROWSE(默认)、EXTENDED、NONE，这是使用 selectmode 参数设置的，当有新选择项目发生时会产生虚拟事件，其实我们可以针对此特性设计相关功能。

程序实例 ch18_9.py：使用默认的 BROWSE 选项，一次只能选择一个项目，当选择发生时将同步在窗口下方的状态栏显示所选择的项目。

```
1   # ch18_9.py
2   from tkinter import *
3   from tkinter.ttk import *
4   def treeSelect(event):
5       widgetObj = event.widget                              # 取得控件
6       itemselected = widgetObj.selection()[0]               # 取得选项
7       col1 = widgetObj.item(itemselected,"text")            # 取得图标栏内容
8       col2 = widgetObj.item(itemselected,"values")[0]       # 取得第0索引栏位内容
9       str = "{0} : {1}".format(col1,col2)                   # 取得所选项目内容
10      var.set(str)                                          # 设置状态栏内容
11
12  root = Tk()
13  root.title("ch18_9")
14
15  stateCity = {"伊利诺":"芝加哥","加州":"洛杉矶",
16               "得州":"休斯敦","华盛顿州":"西雅图",
17               "江苏":"南京","山东":"青岛",
18               "广东":"广州","福建":"厦门"}
19  # 创建Treeview
20  tree = Treeview(root,columns=("cities"),selectmode=BROWSE)
21  # 创建栏标题
22  tree.heading("#0",text="State")                          # 图标栏位icon column
23  tree.heading("cities",text="City")
24  # 格式栏位
25  tree.column("cities",anchor=CENTER)
26  # 创建内容,行号从1算起偶数行是用浅蓝色底
27  tree.tag_configure("evenColor", background="lightblue")  # 设置标签
28  rowCount = 1                                             # 行号从1算起
29  for state in stateCity.keys():
30      if (rowCount % 2 == 1):                              # 如果True则是奇数行
31          tree.insert("",index=END,text=state,values=stateCity[state])
32      else:
33          tree.insert("",index=END,text=state,values=stateCity[state],
34                      tags=("evenColor"))                  # 创建浅蓝色底
35      rowCount += 1                                        # 行号数加1
36
```

```
37  tree.bind("<<TreeviewSelect>>",treeSelect)              # Treeview控件Select发生
38  tree.pack()
39
40  var = StringVar()
41  label = Label(root,textvariable=var,relief="groove")    # 创建状态栏
42  label.pack(fill=BOTH,expand=True)
43
44  root.mainloop()
```

执行结果

上述第 20 行在创建 Treeview 控件对象时，特别设置 selectmode=BROWSE 参数只是特别强调这个模式，因为这是默认模式，所以如果省略此设置也将获得一样的结果。程序第 37 行是将有选择项目发生时交由 treeSelect( ) 事件处理程序处理。

第 5 行是取得窗口内发生此事件的控件，设置给 widgetObj。第 6 行是 Treeview 控件对象 widgetObj 调用 selection( ) 方法，目的是取得目前所选的项目，用 itemselected 代表，通常也可称此所选的项目是 iid，这是 tkinter 内部使用的 id。

第 7、8 行则是由控件对象 widgetObj 调用 item( ) 方法，注意这里需要两个参数目的是取得所选项目的图标栏内容和索引栏内容。第 9 行是格式化所获得的内容，第 10 行则是将内容设置到状态栏。

18-7 删除项目

在 Treeview 控件中可以使用 delete( ) 方法删除所选的项目，下面将以实例说明。

程序实例 ch18_10.py：删除所选的项目，这个程序在创建 Treeview 控件时设置 selectmode=EXTENDED，相当于一次可以选择多项，第二个选项在单击鼠标时可以同时按 Ctrl 键，可以选择不连续的选项。如果第二个选项在单击鼠标时同时按 Shift 键，可以选择连续的选项。这个程序下方有 Remove 按钮，单击此按钮可以删除所选项目。

```
1   # ch18_10.py
2   from tkinter import *
3   from tkinter.ttk import *
4   def removeItem():                     # 删除所选项目
5       iids = tree.selection()           # 取得所选项目
6       for iid in iids:                  # 所选项目可能很多所以用循环
7           tree.delete(iid)              # 删除所选项目
8
9   root = Tk()
10  root.title("ch18_10")
11
12  stateCity = {"伊利诺":"芝加哥","加州":"洛杉矶",
```

```
13              "得州":"休斯敦","华盛顿州":"西雅图",
14              "江苏":"南京","山东":"青岛",
15              "广东":"广州","福建":"厦门"}
16 # 创建Treeview,可以有多项选择selectmode=EXTENDED
17 tree = Treeview(root,columns=("cities"),selectmode=EXTENDED)
18 # 创建栏标题
19 tree.heading("#0",text="State")        # 图标栏位icon column
20 tree.heading("cities",text="City")
21 # 格式栏位
22 tree.column("cities",anchor=CENTER)
23 # 创建内容
24 for state in stateCity.keys():
25     tree.insert("",index=END,text=state,values=stateCity[state])
26 tree.pack()
27
28 rmBtn = Button(root,text="Remove",command=removeItem)     # 删除按钮
29 rmBtn.pack(pady=5)
30
31 root.mainloop()
```

执行结果 下列是尝试删除一条数据与多条数据的结果。

上述程序当单击 Remove 按钮时会执行第 4 ～ 7 行的 removeItem( ) 方法，这时会先执行第 5 行，如下。

iids = tree.selection( )

上述方法会将目前选项传给 iids，iids 的数据类型是元组，所以第 6、7 行是循环可以遍历此元组，然后依次删除所选的项目。

18-8　插入项目

在使用 Treeview 控件时，除了 18-7 节的删除控件项目外，另一个常用功能是插入

项目。插入的方式与创建控件的插入方法 insert( ) 是一样的。至于所插入的内容则可以使用 tkinter 的 Entry 控件。下面将用实例说明。

程序实例 ch18_11.py：扩充程序实例 ch18_10.py，增加设计插入功能，由于这个 Treeview 控件包含图标栏下共有两个栏位，所以若是想要插入必须创建两个 Entry 控件。由于我们必须标出所插入的控件，所以必须在 Entry 旁加上两个标签。另外，在执行插入时必须使用一个按钮表示出执行插入操作，所以必须另外创建一个按钮。

```python
1  # ch18_11.py
2  from tkinter import *
3  from tkinter.ttk import *
4  def removeItem():                                      # 删除所选项目
5      ids = tree.selection()                             # 取得所选项目
6      for id in ids:                                     # 所选项目可能很多所以用循环
7          tree.delete(id)                                # 删除所选项目
8  def insertItem():
9      state = stateEntry.get()                           # 获得stateEntry的输入
10     city = cityEntry.get()                             # 获得cityEntry的输入
11 # 如果输入数据未完成不往下执行
12     if (len(state.strip())==0 or len(city.strip())==0):
13         return
14     tree.insert("",END,text=state,values=(city))       # 插入
15     stateEntry.delete(0,END)                           # 删除stateEntry
16     cityEntry.delete(0,END)                            # 删除cityEntry
17
18 root = Tk()
19 root.title("ch18_11")
20
21 stateCity = {"伊利诺":"芝加哥","加州":"洛杉矶",
22             "得州":"休斯敦","华盛顿州":"西雅图",
23             "江苏":"南京","山东":"青岛",
24             "广东":"广州","福建":"厦门"}
25 # 以下3行主要是应用在缩放窗口
26 root.rowconfigure(1,weight=1)                          # row1会随窗口缩放1:1变化
27 root.columnconfigure(1,weight=1)                       # column1会随窗口缩放1:1变化
28 root.columnconfigure(3,weight=1)                       # column3会随窗口缩放1:1变化
29
30 stateLab = Label(root,text="State :")                  # 创建State:标签
31 stateLab.grid(row=0,column=0,padx=5,pady=3,sticky=W)
32 stateEntry = Entry()                                   # 创建State:文本框
33 stateEntry.grid(row=0,column=1,sticky=W+E,padx=5,pady=3)
34 cityLab = Label(root,text="City : ")                   # 创建City:标签
35 cityLab.grid(row=0,column=2,sticky=E)
36 cityEntry = Entry()                                    # 创建City:文本框
37 cityEntry.grid(row=0,column=3,sticky=W+E,padx=5,pady=3)
38 # 创建Insert按钮
39 inBtn = Button(root,text="插入",command=insertItem)
40 inBtn.grid(row=0,column=4,padx=5,pady=3)
41 # 创建Treeview,可以有多项选择selectmode=EXTENDED
42 tree = Treeview(root,columns=("cities"),selectmode=EXTENDED)
43 # 创建栏标题
44 tree.heading("#0",text="State")                        # 图标栏位icon column
45 tree.heading("cities",text="City")
46 # 创建栏位
47 tree.column("cities",anchor=CENTER)
48 # 创建内容
49 for state in stateCity.keys():
50     tree.insert("",index=END,text=state,values=stateCity[state])
51 tree.grid(row=1,column=0,columnspan=5,padx=5,sticky=W+E+N+S)
52
53 rmBtn = Button(root,text="删除",command=removeItem)   # 删除按钮
54 rmBtn.grid(row=2,column=2,padx=5,pady=3,sticky=W)
55
56 root.mainloop()
```

执行结果

若单击"插入"按钮，将得到下列结果。

上述程序第 26 ～ 28 行主要是处理缩放窗口时 Treeview 的变化，第 26 行的 rowconfigure( ) 方法内的第一个参数是 1，代表 row=1，相当于让 row=1 的 Treeview 控件随着窗口缩放，缩放比由第二个参数 weight = 1 得知是 1：1 缩放。第 27 行的 columnconfigure( ) 方法内的第一个参数是 1，代表 column=1，相当于让 column=1 的 stateEntry 控件随着窗口缩放，缩放比由第二个参数 weight = 1 得知是 1：1 缩放。第 28 行的 columnconfigure( ) 方法内的第一个参数是 3，代表 column=3，相当于让 column=3 的 cityEntry 控件随着窗口缩放，缩放比由第二个参数 weight = 1 得知是 1：1 缩放。如果没有上述设置，当缩放窗口时，所有组件大小将不会更改。

第 39、40 行是创建"插入"按钮，当单击此按钮时会执行第 8 ～ 16 行的 insertItem( ) 方法。在这个方法中，第 9 行是读取 stateEntry 的输入，第 10 行是读取 cityEntry 的输入。第 12、13 行是判断是否两栏中都有输入，如果有一个栏中没有输入则返回不往下执行。第 14 行是插入 stateEntry 和 cityEntry 的输入。由于插入已经完成，所以第 15 行删除 stateEntry 文本框内容，第 16 行删除 cityEntry 文本框内容。

18-9　双击某个项目

在使用 Treeview 控件时，常常需要执行双击操作，最常见的是打开文档。本节将讲解这方面的知识。在 Treeview 控件中当发生双击时，会产生事件，我们可以利用这个功能创建一个双击的事件处理程序。

对于这类问题,另一个重点是取得双击的项目,下面将以实例讲解。

程序实例 ch18_12.py:当双击 Treeview 控件中的某个项目时,会出现对话框,列出所选的项目。

```
1   # ch18_12.py
2   from tkinter import *
3   from tkinter import messagebox
4   from tkinter.ttk import *
5   def doubleClick(event):
6       e = event.widget                            # 取得事件控件
7       iid = e.identify("item",event.x,event.y)    # 取得双击项目id
8       state = e.item(iid,"text")                  # 取得State
9       city = e.item(iid,"values")[0]              # 取得City
10      str = "{0} : {1}".format(state,city)        # 格式化
11      messagebox.showinfo("Double Clicked",str)   # 输出
12
13  root = Tk()
14  root.title("ch18_12")
15
16  stateCity = {"伊利诺":"芝加哥","加州":"洛杉矶",
17              "德州":"休斯敦","华盛顿州":"西雅图",
18              "江苏":"南京","山东":"青岛",
19              "广东":"广州","福建":"厦门"}
20
21  # 创建Treeview
22  tree = Treeview(root,columns=("cities"))
23  # 创建栏标题
24  tree.heading("#0",text="State")                # 图标栏位icon column
25  tree.heading("cities",text="City")
26  # 格式栏位
27  tree.column("cities",anchor=CENTER)
28  # 创建内容
29  for state in stateCity.keys():
30      tree.insert("",index=END,text=state,values=stateCity[state])
31  tree.bind("<Double-1>",doubleClick)            # 双击绑定doubleClick方法
32  tree.pack()
33
34  root.mainloop()
```

执行结果

上述程序第 31 行,将双击操作与 doubleClick( ) 方法绑定,所以当双击时会执行第 5 ~ 11 行的 doubleClick( ) 方法。第 6 行是取得双击事件的控件,第 7 行 identify( ) 方法的用法如下。

```
identify("xxx", event.x, event.y)
```

第一个参数 xxx 可以是 item、column、row，分别是使用双击时的坐标，取得双击时的 item、column 或 row 的信息，此例是使用 item，所以可以由此获得是哪一个项目被双击。第 8 行是获得双击的 "text" 信息，此信息是 State 内容。第 9 行是获得双击的 "values" 信息，此信息是 City 内容。第 9 行是获得格式化的字符串，第 10 行是出现 showinfo 的消息对话框。

18-10　Treeview 绑定滚动条

在 12-8 节有说明过滚动条 Scrollbar 的用法，同时也将 Scrollbar 与 Listbox 进行了结合。17-3 节则介绍了将 Text 加上滚动条的设计。可以参考这两节的思路将 Scrollbar 应用在 Treeview 控件中。

程序实例 ch18_13.py：将滚动条应用于 **Treeview** 控件。

```
1  # ch18_13.py
2  from tkinter import *
3  from tkinter.ttk import *
4
5  root = Tk()
6  root.title("ch18_13")
7
8  stateCity = {"Illinois":"芝加哥","California":"洛杉矶",
9               "Texas":"休斯敦","Washington":"西雅图",
10              "Jiangsu":"南京","Shandong":"青岛",
11              "Guangdong":"广州","Fujian":"厦门",
12              "Mississippi":"Oxford","Kentucky":"Lexington",
13              "Florida":"Miama","Indiana":"West Lafeyette"}
14
15 tree = Treeview(root,columns=("cities"))
16 yscrollbar = Scrollbar(root)                    # Y轴scrollbar对象
17 yscrollbar.pack(side=RIGHT,fill=Y)              # Y轴scrollbar包装显示
18 tree.pack()
19 yscrollbar.config(command=tree.yview)           # Y轴scrollbar设置
20 tree.configure(yscrollcommand=yscrollbar.set)
21 # 创建栏标题
22 tree.heading("#0",text="State")                 # 图标栏位icon column
23 tree.heading("cities",text="City")
24 # 格式栏位
25 tree.column("cities",anchor=CENTER)
26 # 创建内容
27 for state in stateCity.keys():
28     tree.insert("",index=END,text=state,values=stateCity[state])
29
30 root.mainloop()
```

执行结果

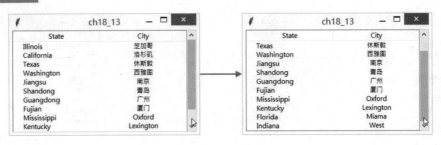

18-11 排序

在创建 Treeview 控件后，有一个很常见的功能是将栏目信息做排序，通常是单击栏位标题就可以执行排序，本节将以实例讲解这方面的应用。

程序实例 ch18_14.py：排序 Treeview 控件 State 栏的数据，在这个程序中为了简化程序，省略了图标栏。所以 Treeview 控件只有一个 State 栏，当单击栏标题时可以正常排序（由小到大），如果再单击可以反向排序，排序方式将如此切换。

```python
1  # ch18_14.py
2  from tkinter import *
3  from tkinter.ttk import *
4  def treeview_sortColumn(col):
5      global reverseFlag              # 定义排序标识全局变量
6      lst = [(tree.set(st, col), st)
7              for st in tree.get_children("")]
8      print(lst)                      # 打印列表
9      lst.sort(reverse=reverseFlag)   # 排序列表
10     print(lst)                      # 打印列表
11     for index, item in enumerate(lst):   # 重新移动项目内容
12         tree.move(item[1],"",index)
13     reverseFlag = not reverseFlag   # 更改排序标识
14
15 root = Tk()
16 root.title("ch18_14")
17 reverseFlag = False                 # 排序标识注明是否反向排序
18
19 myStates = {"Illinois","California","Texas","Washington",
20             "Jiangsu","Shandong","Guangdong","Fujian",
21             "Mississippi","Kentucky","Florida","Indiana"}
22
23 tree = Treeview(root,columns=("states"),show="headings")
24 yscrollbar = Scrollbar(root)                # Y轴scrollbar对象
25 yscrollbar.pack(side=RIGHT,fill=Y)          # Y轴scrollbar包装显示
26 tree.pack()
27 yscrollbar.config(command=tree.yview)       # Y轴scrollbar设置
28 tree.configure(yscrollcommand=yscrollbar.set)
29 # 创建栏标题
30 tree.heading("states",text="State")
31 # 创建内容
32 for state in myStates:                      # 第一次的Treeview内容
33     tree.insert("",index=END,values=(state,))
34 # 单击标题栏将启动treeview_sortColumn
35 tree.heading("#1",text="State",
36             command=lambda c="states": treeview_sortColumn(c))
37
38 root.mainloop()
```

执行结果

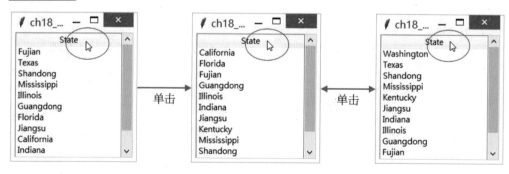

　　这个程序为了简单，省略显示图标栏，在第 23 行创建 Treeview 控件时增加了 show="headings" 参数。

```
23   tree = Treeview(root,columns=("states"),show="headings")
```

　　第 32、33 行是创建栏位的数据，相当于将 myStates 列表数据放入 Treeview 控件。接下来第 35、36 行是重点，这其实是 heading( ) 方法，所以是一条命令，只是因为太长分为两行撰写。当用鼠标单击标题栏时会执行 command 所指定的方法，这是 Lambda 表达式，将"states"设置给变量 c，然后将 c 作为参数传递给 treeview_sortColumn( ) 方法。

　　程序第 4 ～ 13 行是 treeview_sortColumn( ) 方法，在这个方法中为了让读者了解数据内容特别在第 8 和 10 行列出目前列表内容，方便读者了解目前程序的意义。首先第 5 行设置 reverseFlag 是全局变量，它的原始定义在 17 行。第 6、7 行其实是同一条命令，如下。

```
6     lst = [(tree.set(st, col), st)
7             for st in tree.get_children("")]
```

　　上述代码中有一个 get_children( ) 方法，它的语法如下。

```
get_children([item])
```

　　它会传回 item 的一个 tuple 的 iid 值，如果省略则得到一个 tuple，此 tuple 是 top-level 的 iid 值。

　　上述程序主要是创建 lst 列表，第 8 行会打印这个列表内容，可以在 Python Shell 窗口看到，如下。

```
[('Washington', 'I001'), ('Texas', 'I002'), ('Jiangsu', 'I003'), ('Florida',
'I004'), ('Illinois', 'I005'), ('Shandong', 'I006'), ('Guangdong', 'I007'),
('Fujian', 'I008'), ('Kentucky', 'I009'), ('Indiana', 'I00A'), ('Mississippi',
'I00B'),('California', 'I00C')]
```

　　第 9 行是将上述列表内容排序，第 10 行是列出排序结果，如下。

```
[('California', 'I00C'), ('Florida', 'I004'), ('Fujian', 'I008'), ('Guangdong',
'I007'), ('Illinois', 'I005'), ('Indiana', 'I00A'), ('Jiangsu', 'I003'),
'Kentucky', 'I009'), ('Mississippi', 'I00B'), ('Shandong', 'I006'), ('Texas',
'I002'),('Washington', 'I001')]
```

　　第 11、12 行内容如下。

```
11    for index, item in enumerate(lst):  # 重新移动项目内容
12        tree.move(item[1],"",index)
```

　　其中有一个 move( ) 方法，语法如下。

```
move(iid,parent,index)
```

　　将 iid 所指项目移至 parent 层次的 index 位置，此程序用" "代表 parent 层次。第 13 行是更改排序标识，这样下次就可以使用反向排序。

第　19　章

Canvas

本章将介绍 tkinter 模块内的 Canvas，这个模块可以绘图，也可以制作动画，而动画也是设计游戏的基础，本章将完整介绍这方面的知识。

19-1　绘图功能

19-1-1　创建画布

可以使用 Canvas( ) 方法创建画布对象。

```
tk = Tk( )                                   # 使用 tk 当作窗口 Tk 对象
canvas = Canvas(tk, width=xx, height=yy)     # xx,yy 是画布的宽与高
canvas.pack( )                               # 可以将画布包装好，这是必要的
```

画布创建完成后，左上角是坐标 (0,0)，向右 X 轴递增，向下 Y 轴递增。

19-1-2　绘制线条 create_line( )

它的使用方式如下。

```
create_line(x1, y1, x2, y2, …, xn, yn, options)
```

线条将会沿着 (x1,y1), (x2,y2), …绘制下去，下列是常用的 options 用法。

(1) arrow：默认是没有箭头，使用 arrow=tk.FIRST 在起始线末端有箭头，arrow=LAST 在最后一条线末端有箭头，使用 arrow=tk.BOTH 在两端有箭头。

(2) arrowshape：使用元组 (d_1, d_2, d_3) 代表箭头，默认是 (8,10,3)。

(3) capstyle：这是线条终点的样式，默认是 BUTT，也可以选择 PROJECTING、ROUND，程序实例可以参考程序实例 ch19_4.py。

(4) dash：创建虚线，使用元组存储数字数据，第一个数字是实线，第二个数字是空白，如此循环，当所有元组数字用完又重新开始。例如，dash=(5,3) 产生 5px 实线，3px 空白，如此循环。再如，dash=(8,1,1,1) 产生 8px 实线和点的线条，dash=(5,) 产生 5px 实线和 5px 空白。

(5) dashoffset：与 dash 一样产生虚线，但是一开始数字是空白的宽度。

(6) fill：设置线条颜色。

(7) joinstyle：线条相交的设置，默认是 ROUND，也可以选择 BEVEL、MITER，可以参考程序实例 ch19_3.py。

(8) stipple：绘制位图 (Bitmap) 线条，可以参考 2-8 节，程序实例可以参考程序实例 ch19_5.py。

error	hourglass	info	questhead	question
warning	gray12	gray25	gray50	gray75

下列是上述位图由左到右、由上到下依序的图例。

(9) tags：为线条创建标签，未来配合使用 delete(删除卷标)，再重绘卷标，如此循环，可以创造动画效果，可参考 19-3-5 节。

(10) width：线条宽度。

程序实例 ch19_1.py：在半径为 100 的圆外围创建 12 个点，然后将这些点彼此连接。

```python
1   # ch19_1.py
2   from tkinter import *
3   import math
4
5   tk = Tk()
6   canvas = Canvas(tk, width=640, height=480)
7   canvas.pack()
8   x_center, y_center, r = 320, 240, 100
9   x, y = [], []
10  for i in range(12):              # 创建圆外围12个点
11      x.append(x_center + r * math.cos(30*i*math.pi/180))
12      y.append(y_center + r * math.sin(30*i*math.pi/180))
13  for i in range(12):              # 执行12个点彼此连线
14      for j in range(12):
15          canvas.create_line(x[i],y[i],x[j],y[j])
```

执行结果

上述程序使用了数学函数 sin( ) 和 cos( ) 以及 pi，这些是在 math 模块中。使用 create_line( ) 时，在 options 参数字段可以用 fill 设置线条颜色，用 width 设置线条宽度。

程序实例 ch19_2.py：不同线条颜色与宽度。

```python
1   # ch19_2.py
2   from tkinter import *
3   import math
4
5   tk = Tk()
6   canvas = Canvas(tk, width=640, height=480)
7   canvas.pack()
8   canvas.create_line(100,100,500,100)
9   canvas.create_line(100,125,500,125,width=5)
10  canvas.create_line(100,150,500,150,width=10,fill='blue')
11  canvas.create_line(100,175,500,175,dash=(10,2,2,2))
```

执行结果

程序实例 ch19_3.py：由线条交接了解 joinstyle 参数的应用。

```
1   # ch19_3.py
2   from tkinter import *
3   import math
4
5   tk = Tk()
6   canvas = Canvas(tk, width=640, height=480)
7   canvas.pack()
8   canvas.create_line(30,30,500,30,265,100,30,30,
9                      width=20,joinstyle=ROUND)
10  canvas.create_line(30,130,500,130,265,200,30,130,
11                     width=20,joinstyle=BEVEL)
12  canvas.create_line(30,230,500,230,265,300,30,230,
13                     width=20,joinstyle=MITER)
```

执行结果

程序实例 ch19_4.py：由线条了解 **capstyle** 参数的应用。

```
1   # ch19_4.py
2   from tkinter import *
3   import math
4
5   tk = Tk()
6   canvas = Canvas(tk, width=640, height=480)
7   canvas.pack()
8   canvas.create_line(30,30,500,30,width=10,capstyle=BUTT)
9   canvas.create_line(30,130,500,130,width=10,capstyle=ROUND)
10  canvas.create_line(30,230,500,230,width=10,capstyle=PROJECTING)
11  # 以下是垂直线
12  canvas.create_line(30,20,30,240)
13  canvas.create_line(500,20,500,250)
```

执行结果

程序实例 ch19_5.py：创建位图线条。

```
1   # ch19_5.py
2   from tkinter import *
3   import math
4
5   tk = Tk()
6   canvas = Canvas(tk, width=640, height=480)
7   canvas.pack()
8   canvas.create_line(30,30,500,30,width=10,stipple="gray25")
9   canvas.create_line(30,130,500,130,width=40,stipple="questhead")
10  canvas.create_line(30,230,500,230,width=10,stipple="info")
```

执行结果

程序实例 ch19_5_1.py：写一个程序可以显示 15×15 的网格。

```
1  # ch19_5_1.py
2  from tkinter import *
3
4  window = Tk()
5  window.title("ch19_5_1")
6
7  xWidth = 200
8  yHeight = 200
9  canvas = Canvas(window, width=xWidth, height=yHeight)
10 canvas.pack()
11
12 for i in range(19):
13     canvas.create_line(10, 10+10*i, xWidth - 10, 10+10*i)
14     canvas.create_line(10+10*i, 10, 10+10*i, yHeight - 10)
15
16 window.mainloop()
```

执行结果

19-1-3　绘制矩形 create_rectangle( )

它的使用方式如下。

create_rectangle(x1, y1, x2, y2,options)

(x1,y1) 和 (x2,y2) 是矩形左上角和右下角坐标，下列是常用的 options 用法。

(1) dash：创建虚线，与 create_line( ) 相同。

(2) dashoffset：与 dash 一样产生虚线，但是一开始数字是空白的宽度。

(3) fill：矩形填充颜色。

(4) outline：设置矩形线条颜色。

(5) stipple：绘制位图样 (Bitmap) 矩形，其概念可以参考 2-8 节，程序实例可以参考 ch19_5.py。

(6) tags：为矩形创建标签，未来可以用 delete 创造动画效果，可参考 19-3-5 节。

(7) width：矩形线条宽度。

程序实例 ch19_6.py：在画布内随机产生不同位置与大小的矩形。

```
1   # ch19_6.py
2   from tkinter import *
3   from random import *
4
5   tk = Tk()
6   canvas = Canvas(tk, width=640, height=480)
7   canvas.pack()
8   for i in range(50):                      # 随机绘制50个不同位置与大小的矩形
9       x1, y1 = randint(1, 640), randint(1, 480)
10      x2, y2 = randint(1, 640), randint(1, 480)
11      if x1 > x2: x1,x2 = x2,x1    # 确保左上角x坐标小于右下角x坐标
12      if y1 > y2: y1,y2 = y2,y1    # 确保左上角y坐标小于右下角y坐标
13      canvas.create_rectangle(x1, y1, x2, y2)
```

执行结果

这个程序每次执行时都会产生不同的结果，有一点儿艺术画的效果。使用 create_rectangle( ) 时，在 options 参数字段可以用 fill='color' 设置矩形填充颜色，用 outline='color' 设置矩形轮廓颜色。

程序实例 ch19_7.py：绘制三个矩形，第一个使用红色填充，轮廓色是默认设置；第二个使用黄色填充，轮廓是蓝色的；第三个使用绿色填充轮廓是灰色。

```
1   # ch19_7.py
2   from tkinter import *
3   from random import *
4
5   tk = Tk()
6   canvas = Canvas(tk, width=640, height=480)
7   canvas.pack()
8   canvas.create_rectangle(10, 10, 120, 60, fill='red')
9   canvas.create_rectangle(130, 10, 200, 80, fill='yellow', outline='blue')
10  canvas.create_rectangle(210, 10, 300, 60, fill='green', outline='grey')
```

执行结果

由执行结果可以发现，由于画布底色是浅灰色，所以第三个矩形用灰色轮廓，几乎看不到轮廓线，另外也可以用 width 设置矩形轮廓的宽度。

程序实例 ch19_7_1.py：写一个程序，画布宽高分别是 400×250，由外往内绘制，每次宽和高减 10，可以显示 20 个矩形。

```
1  # ch19_7_1.py
2  from tkinter import *
3
4  window = Tk()
5  window.title("ch19_7_1")
6
7  xWidth = 400
8  yHeight = 250
9  canvas = Canvas(window, width=xWidth, height=yHeight)
10 canvas.pack()
11
12 for i in range(20):
13     canvas.create_rectangle(10 + i * 5, 10 + i * 5,
14         xWidth - 10 - i * 5, yHeight - 10 - i * 5)
15
16 window.mainloop()
```

19-1-4　绘制圆弧 create_arc( )

它的使用方式如下。

`create_arc(x1, y1, x2, y2, extent=angle, style=ARC, options)`

(x1,y1) 和 (x2,y2) 分别是圆弧左上角和右下角的坐标，下列是常用的 options 用法。

(1) dash：创建虚线，与 create_line( ) 相同。

(2) dashoffset：与 dash 一样产生虚线，但是一开始数字是空白的宽度。

(3) extent：如果要绘制圆形 extent 值是 359，如果写成 360 会视为 0°。如果 extent 介于 1 ～ 359，则是绘制这个角度的圆弧。

(4) fill：填充圆弧颜色。

(5) outline：设置圆弧线条颜色。

(6) start：圆弧起点位置。

(7) stipple：绘制位图圆弧。

(8) style：有三种格式——ARC、CHORD、PIESLICE，可参考程序实例 ch19_9.py。

(9) tags：为圆弧创建标签，未来可以用 delete 创造动画效果，可参考 19-3-5 节。

(10) width：圆弧线条宽度。

上述 style=ARC 表示绘制圆弧，如果是要使用 options 参数填满圆弧则须舍去此参数。此外，options 参数可以使用 width 设置轮廓线条宽度 (可参考程序实例 ch19_8.py 第 12 行)，outline 设置轮廓线条颜色 (可参考程序实例 ch19_8.py 第 16 行)，fill 设置填充 颜色 (可参考程序实例 ch19_8.py 第 10 行)。目前默认绘制圆弧的起点是右边，也可以用 start=0 代表。也可以设置 start 的值更改圆弧的起点，方向是逆时针，可参考程序实例 ch19_8.py 第 14 行。

程序实例 ch19_8.py：绘制各种不同的圆和椭圆，以及圆弧和椭圆弧。

```
1  # ch19_8.py
2  from tkinter import *
3
4  tk = Tk()
```

```
5   canvas = Canvas(tk, width=640, height=480)
6   canvas.pack()
7   # 以下以圆形为基础
8   canvas.create_arc(10, 10, 110, 110, extent=45, style=ARC)
9   canvas.create_arc(210, 10, 310, 110, extent=90, style=ARC)
10  canvas.create_arc(410, 10, 510, 110, extent=180, fill='yellow')
11  canvas.create_arc(10, 110, 110, 210, extent=270, style=ARC)
12  canvas.create_arc(210, 110, 310, 210, extent=359, style=ARC, width=5)
13  # 以下以椭圆形为基础
14  canvas.create_arc(10, 250, 310, 350, extent=90, style=ARC, start=90)
15  canvas.create_arc(320, 250, 620, 350, extent=180, style=ARC)
16  canvas.create_arc(10, 360, 310, 460, extent=270, style=ARC, outline='blue')
17  canvas.create_arc(320, 360, 620, 460, extent=359, style=ARC)
```

执行结果

程序实例 ch19_9.py：style 参数是 ARC、CHORD、PIESLICE 的应用。

```
1   # ch19_9.py
2   from tkinter import *
3
4   tk = Tk()
5   canvas = Canvas(tk, width=640, height=480)
6   canvas.pack()
7   # 以下以圆形为基础
8   canvas.create_arc(10, 10, 110, 110, extent=180, style=ARC)
9   canvas.create_arc(210, 10, 310, 110, extent=180, style=CHORD)
10  canvas.create_arc(410, 10, 510, 110, start=30, extent=120, style=PIESLICE)
```

执行结果

程序实例 ch19_9_1.py：写一个程序，画布宽高分别是 400×250，由外往内绘制椭圆，每次椭圆宽和高减 10，可以显示 20 个椭圆形。

```
1   # ch19_9_1.py
2   from tkinter import *
3
4   window = Tk()
5   window.title("ch19_9_1")
6
7   xWidth = 400
8   yHeight = 250
9   canvas = Canvas(window, width=xWidth, height=yHeight)
10  canvas.pack()
11
12  for i in range(20):
13      canvas.create_oval(10+i*5, 10+i*5, xWidth-10-i*5, yHeight-10-i*5)
14
15  window.mainloop()
```

执行结果

19-1-5　绘制圆或椭圆 create_oval( )

它的使用方式如下。

```
create_oval(x1, y1, x2, y2, options)
```

(x1,y1) 和 (x2,y2) 分别是圆或椭圆的左上角和右下角坐标，下列是常用的 options 用法。

(1) dash：创建虚线，与 create_line( ) 相同。

(2) dashoffset：与 dash 一样产生虚线，但是一开始数字是空白的宽度。

(3) fill：设置圆或椭圆的填充颜色。

(4) outline：设置圆或椭圆的边界颜色。

(5) stipple：绘制位图边界的圆或椭圆。

(6) tags：为圆创建标签，未来可以用 delete 创建动画效果，可参考 19-3-5 节。

(7) width：圆或椭圆的线条宽度。

程序实例 ch19_10.py：圆和椭圆的绘制。

```
1  # ch19_10.py
2  from tkinter import *
3
4  tk = Tk()
5  canvas = Canvas(tk, width=640, height=480)
6  canvas.pack()
7  # 以下是圆形
8  canvas.create_oval(10, 10, 110, 110)
9  canvas.create_oval(150, 10, 300, 160, fill='yellow')
10 # 以下是椭圆形
11 canvas.create_oval(10, 200, 310, 350)
12 canvas.create_oval(350, 200, 550, 300, fill='aqua', outline='blue', width=5)
```

执行结果

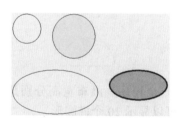

19-1-6　绘制多边形 create_polygon( )

它的使用方式如下。

```
create_polygon(x1, y1, x2, y2, x3, y3, … ,xn, yn, options)
```

(x1,y1), … (xn,yn) 是多边形各角的 x,y 坐标，下列是常用的 options 用法。

(1) dash：创建虚线，概念与 create_line( ) 相同。

(2) dashoffset：与 dash 一样产生虚线，但是一开始数字是空白的宽度。

(3) fill：设置多边形的填充颜色。

(4) outline：设置多边形的边界颜色。

(5) stipple：绘制位图边界的多边形。

(6) tags：为多边形创建标签，未来可以用 delete 创建动画效果，可参考 19-3-5 节。

(7) width：多边形线条宽度。

程序实例 ch19_11.py：绘制多边形的应用。

```
1  # ch19_11.py
2  from tkinter import *
3
4  tk = Tk()
5  canvas = Canvas(tk, width=640, height=480)
6  canvas.pack()
7  canvas.create_polygon(10,10, 100,10, 50,80, fill='', outline='black')
8  canvas.create_polygon(120,10, 180,30, 250,100, 200,90, 130,80)
9  canvas.create_polygon(200,10, 350,30, 420,70, 360,90, fill='aqua')
10 canvas.create_polygon(400,10,600,10,450,80,width=5,outline='blue',fill='yellow')
```

执行结果

19-1-7　输出文字 create_text( )

它的使用方式如下。

```
create_text(x,y,text= 字符串 , options)
```

默认 (x,y) 是文字字符串输出的中心坐标，下列是常用的 options 用法。

(1) anchor：默认是 anchor=CENTER，也可以参考 2-4 节的位置概念。

(2) fill：文字颜色。

(3) font：字形的使用，可以参考 2-6 节。

(4) justify：当输出多行时，默认是靠左 (LEFT)，更多概念可以参考 2-7 节。

(5) stipple：绘制位图线条的文字，默认是 " " 表示实线。

(6) text：输出的文字。

(7) tags：为文字创建标签，未来可以用 delete 创造动画效果，可参考 19-3-5 节。

(8) width：多边形的线条宽度。

程序实例 ch19_12.py：输出文字的应用。

```
1  # ch19_12.py
2  from tkinter import *
3
4  tk = Tk()
5  canvas = Canvas(tk, width=640, height=480)
6  canvas.pack()
7  canvas.create_text(200, 50, text='Ming-Chi Institute of Technology')
```

```
 8  canvas.create_text(200, 80, text='Ming-Chi Institute of Technology', fill='blue')
 9  canvas.create_text(300, 120, text='Ming-Chi Institute of Technology', fill='blue',
10                      font=('Old English Text MT',20))
```

执行结果

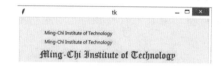

19-1-8　更改画布背景颜色

在使用 Canvas( ) 方法创建画布时，可以加上 bg 参数设置画布背景颜色。

程序实例 ch19_13.py：将画布背景颜色改成黄色。

```
1  # ch19_13.py
2  from tkinter import *
3
4  tk = Tk()
5  canvas = Canvas(tk, width=640, height=240, bg='yellow')
6  canvas.pack()
```

执行结果

19-1-9　插入图像 create_image( )

在 Canvas 控件内可以使用 create_image( ) 在 Canvas 对象内插入图像文件，它的语法如下。

```
create_image(x, y, options)
```

(x,y) 是图像左上角的位置，下列是常用的 options 用法。

(1) anchor：默认是 anchor=CENTER，也可以参考 2-4 节的位置概念。

(2) image：插入的图像。

(3) tags：为图像创建标签，未来可用 delete 创建动画效果，可参考 19-3-5 节。

下面将以实例讲解。

程序实例 ch19_14.py：插入图像文件 rushmore.jpg，这个程序会创建窗口，X 轴大于图像宽度 30px，Y 轴大于图像高度 20px。

```
1  # ch19_14.py
2  from tkinter import *
3  from PIL import Image, ImageTk
4
5  tk = Tk()
6  img = Image.open("rushmore.jpg")
7  rushMore = ImageTk.PhotoImage(img)
8
9  canvas = Canvas(tk, width=img.size[0]+40,
10                   height=img.size[1]+30)
11 canvas.create_image(20,15,anchor=NW,image=rushMore)
12 canvas.pack(fill=BOTH,expand=True)
```

执行结果

19-2 鼠标拖曳绘制线条

Python 的 tkinter 模块在 Canvas 控件部分并没有提供绘制点的工具，不过我们可以使用鼠标拖曳时绑定 paint 事件处理程序，在这个事件中可以取得鼠标坐标，然后使用 create_oval( ) 方法绘制极小化的圆，方法是圆的左上角坐标与右下角坐标相同，可以参考下列实例。

程序实例 ch19_15.py：设计一个简单的绘图程序，这个程序在执行时若是拖曳鼠标可以绘制线条。

```
1  # ch19_15.py
2  from tkinter import *
3  def paint(event):                                # 拖曳可以绘图
4      x1,y1 = (event.x, event.y)                   # 设置左上角坐标
5      x2,y2 = (event.x, event.y)                   # 设置右下角坐标
6      canvas.create_oval(x1,y1,x2,y2,fill="blue")
7  def cls():                                       # 清除画面
8      canvas.delete("all")
9
10 tk = Tk()
11 lab = Label(tk,text="拖曳鼠标可以绘图")          # 创建标题
12 lab.pack()
13 canvas = Canvas(tk,width=640, height=300)        # 创建画布
14 canvas.pack()
15
16 btn = Button(tk,text="清除",command=cls)         # 创建 "清除" 按钮
17 btn.pack(pady=5)
18
19 canvas.bind("<B1-Motion>",paint)                 # 光标拖曳绑定paint
20
21 canvas.mainloop()
```

执行结果

上述程序第 8 行使用了 delete( ) 方法，这个方法内部加上 "all"，可以删除所有绘制的图，对此程序而言相当于清除画布。如果想要让所绘制的线条变粗，可以适度将左上角的 (x,y) 坐标减 1，右下角的 (x,y) 坐标加 1。

19-3 动画设计

19-3-1 基本动画

动画设计所使用的方法是 move( )，使用格式如下。

```
canvas.move(ID, xMove, yMove)          # ID 是对象编号
canvas.update( )                       # 强制重绘画布
```

xMove,yMove 分别是沿 X 和 Y 轴移动的距离，单位是 px。

程序实例 ch19_16.py：移动球的设计，每次移动 5px。

```
1   # ch19_16.py
2   from tkinter import *
3   import time
4
5   tk = Tk()
6   canvas= Canvas(tk, width=500, height=150)
7   canvas.pack()
8   canvas.create_oval(10,50,60,100,fill='yellow', outline='lightgray')
9   for x in range(0, 80):
10      canvas.move(1, 5, 0)            # ID=1, 沿X轴移动5px，沿Y轴不变
11      tk.update()                    # 强制tkinter重绘
12      time.sleep(0.05)
```

执行结果

上述程序执行时使用循环，第 12 行相当于定义每隔 0.05s 移动一次。其实只要设置 move( ) 方法的参数就可以向任意方向移动。

程序实例 ch19_17.py：扩大画布高度为 300px，每次 X 轴移动 5px，Y 轴移动 2px。

```
10      canvas.move(1, 5, 2)            # ID=1 X轴移动5px，Y轴移动2px
```

执行结果 读者可以自行体会球向右下方移动。

上述程序使用 time.sleep(s) 创建时间的延迟，s 表示秒。也可以使用 canvas.after(s) 创建时间延迟，s 表示千分之一秒，这时可以省略 import time，可以参考程序实例 ch19_17_1.py。

程序实例 ch19_17_1.py：重新设计程序实例 ch19_17.py。

```
1   # ch19_17_1.py
2   from tkinter import *
3
4   tk = Tk()
5   canvas= Canvas(tk, width=500, height=300)
6   canvas.pack()
7   canvas.create_oval(10,50,60,100,fill='yellow', outline='lightgray')
8   for x in range(0, 80):
9       canvas.move(1, 5, 2)            # ID=1, 沿X轴移动5px，沿Y轴移动2px
10      tk.update()                    # 强制tkinter重绘
11      canvas.after(50)
```

执行结果 与程序实例 ch19_17.py 相同。

19-3-2 多个球移动的设计

在创建球对象时，可以设置 id 值，以后可以将这个 id 值放入 move( ) 方法内，表明是移动这个球。

程序实例 ch19_18.py：一次移动两个球，第 8 行设置黄色球是 id1，第 9 行设置水蓝色球是 id2。

```
1  # ch19_18.py
2  from tkinter import *
3  import time
4
5  tk = Tk()
6  canvas= Canvas(tk, width=500, height=250)
7  canvas.pack()
8  id1 = canvas.create_oval(10,50,60,100,fill='yellow')
9  id2 = canvas.create_oval(10,150,60,200,fill='aqua')
10 for x in range(0, 80):
11     canvas.move(id1, 5, 0)        # id1, 沿X轴移动5px, 沿Y轴移动0px
12     canvas.move(id2, 5, 0)        # id2, 沿X轴移动5px, 沿Y轴移动0px
13     tk.update()                   # 强制tkinter重绘
14     time.sleep(0.05)
```

执行结果

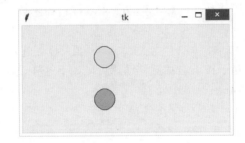

19-3-3　将随机数应用于多个球体的移动

在拉斯维加斯或是澳门赌场，常可以看到机器赛马的赌具，其实我们若是将球改成赛马其意义是相同的。

概念 1：赌场作弊方式

假设想让黄色球跑的速度快一些，它赢的概率是 70%，可以利用 randint( ) 产生 1 ~ 100 的随机数，让随机数在 1 ~ 70 间移动黄球，在 71 ~ 100 间移动水蓝色球，这样就可以作弊了。

概念 2：赌场作弊现形

玩赛马赌具时必须下注，赌场作弊的最佳方式是，让下注最少的马匹有较高概率的移动机会，这样钱就滚滚而来了。

概念 3：不作弊

可以设计随机数在 1 ~ 50 间移动黄球，在 51 ~ 100 间移动水蓝色球。

程序实例 ch19_19.py：循环跑 100 次看哪一个球跑得快，让黄色球有 70% 赢的机会。

```
11 for x in range(0, 100):
12     if randint(1,100) > 70:
13         canvas.move(id2, 5, 0)  # id2 X轴移动5px，Y轴移动0px
14     else:
15         canvas.move(id1, 5, 0)  # id1 X轴移动5px，Y轴移动0px
16     tk.update()                 # 强制tkinter重绘
17     time.sleep(0.05)
```

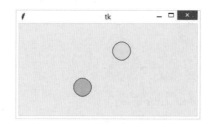

19-3-4 消息绑定

主要思路是可以利用系统接收到键盘的消息，做出反应。例如，当发生按下右移键时，可以控制球往右边移动，例如，可以如下这样设计函数。

```
def ballMove(event):
    canvas.move(1, 5, 0)                 # 假设移动 5px
```

在程序设计函数中对于按下右移键移动球可以如下这样设计。

```
def ballMove(event):
    if event.keysym == 'Right':
    canvas.move(1, 5, 0)
```

对于主程序而言，需使用 canvas.bind_all( ) 函数，执行消息绑定工作，它的写法如下。

```
canvas.bind_all('<KeyPress-Left>', ballMove)        # 左移键
canvas.bind_all('<KeyPress-Right>', ballMove)       # 右移键
canvas.bind_all('<KeyPress-Up>', ballMove)          # 上移键
canvas.bind_all('<KeyPress-Down>', ballMove)        # 下移键
```

上述函数主要是告知程序所接收到键盘的消息是什么，然后调用 ballMove( ) 函数执行键盘消息的工作。

程序实例 ch19_20.py：程序开始执行时，在画布中央有一个红球，可以按键盘上的向右、向左、向上、向下键，往右、往左、往上、往下移动球，每次移动 5px。

```
1   # ch19_20.py
2   from tkinter import *
3   import time
4   def ballMove(event):
5       if event.keysym == 'Left':  # 左移
6           canvas.move(1, -5, 0)
7       if event.keysym == 'Right': # 右移
8           canvas.move(1, 5, 0)
9       if event.keysym == 'Up':    # 上移
10          canvas.move(1, 0, -5)
11      if event.keysym == 'Down':  # 下移
12          canvas.move(1, 0, 5)
13  tk = Tk()
14  canvas= Canvas(tk, width=500, height=300)
15  canvas.pack()
16  canvas.create_oval(225,125,275,175,fill='red')
17  canvas.bind_all('<KeyPress-Left>', ballMove)
18  canvas.bind_all('<KeyPress-Right>', ballMove)
19  canvas.bind_all('<KeyPress-Up>', ballMove)
20  canvas.bind_all('<KeyPress-Down>', ballMove)
21  mainloop()
```

执行结果

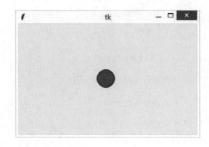

19-3-5　再谈动画设计

19-1 节介绍了 tkinter 的绘图功能，在该节的绘图方法的参数中有说明可以使用 tags 参数将所绘制的对象标上名称，有了这个 tags 名称，未来可以用 canvas. delete("tags 名称 ") 删除此对象，然后可以在新位置再绘制一次此对象，即可以达到对象移动的目的。

注　如果要删除画布内所有对象可以使用 canvas.delete("all")。

19-3-4 节介绍了键盘的消息绑定，其实也可以使用下面的方式执行鼠标的消息绑定。

```
canvas.bind('<Button-1>', callback)   # 单击执行 callback 方法
canvas.bind('<Button-2>', callback)   # 单击鼠标中键执行 callback 方法
canvas.bind('<Button-3>', callback)   # 右击执行 callback 方法
canvas.bind('<Motion>', callback)     # 鼠标移动执行 callback 方法
```

上述单击时，鼠标相对组件的位置会被存入事件的 x 和 y 变量。

程序实例 ch19_20_1.py：**鼠标事件的基本应用，这个程序在执行时会创建 300×180 的窗口，当单击鼠标左键时，在 Python Shell 窗口中会列出单击事件时的光标坐标。**

```
 1  # ch19_20_1.py
 2  from tkinter import *
 3  def callback(event):              # 事件处理程序
 4      print("Clicked at", event.x, event.y)   # 打印坐标
 5
 6  root = Tk()
 7  root.title("ch19_20_1")
 8  canvas = Canvas(root,width=300,height=180)
 9  canvas.bind("<Button-1>",callback)        # 单击绑定callback
10  canvas.pack()
11
12  root.mainloop()
```

执行结果

下列是 Python Shell 示范输出画面。

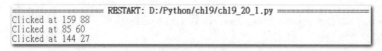

```
================== RESTART: D:/Python/ch19/ch19_20_1.py ==================
Clicked at 159 88
Clicked at 85 60
Clicked at 144 27
```

在程序第 3 行绑定的事件处理程序中必须留意，callback(event) 需有参数 event，event 名称可以自取，这是因为事件会传递事件对象给此事件处理程序。

程序实例 ch19_20_2.py：移动光标时可以在窗口右下方看到光标目前的坐标。

```
1   # ch19_20_2.py
2   from tkinter import *
3   def mouseMotion(event):          # 移动光标
4       x = event.x
5       y = event.y
6       textvar = "Mouse location - x:{}, y:{}".format(x,y)
7       var.set(textvar)
8
9   root = Tk()
10  root.title("ch19_20_2")          # 窗口标题
11  root.geometry("300x180")         # 窗口宽300,高180
12
13  x, y = 0, 0                      # x,y坐标
14  var = StringVar()
15  text = "Mouse location - x:{}, y:{}".format(x,y)
16  var.set(text)
17
18  lab = Label(root,textvariable=var)  # 创建标签
19  lab.pack(anchor=S,side=RIGHT,padx=10,pady=10)
20
21  root.bind("<Motion>",mouseMotion)   # 增加事件处理程序
22
23  root.mainloop()
```

程序实例 ch19_20_3.py：单击可以放大圆，右击可以缩小圆。

```
1   # ch19_20_3.py
2   from tkinter import *
3
4   def circleIncrease(event):
5       global r
6       canvas.delete("myCircle")
7       if r < 200:
8           r += 5
9       canvas.create_oval(200-r,200-r,200+r,200+r,fill='yellow',tag="myCircle")
10
11  def circleDecrease(event):
12      global r
13      canvas.delete("myCircle")
14      if r > 5:
15          r -= 5
16      canvas.create_oval(200-r,200-r,200+r,200+r,fill='yellow',tag="myCircle")
17
18  tk = Tk()
19  canvas= Canvas(tk, width=400, height=400)
20  canvas.pack()
21
22  r = 100
23  canvas.create_oval(200-r,200-r,200+r,200+r,fill='yellow',tag="myCircle")
24  canvas.bind('<Button-1>', circleIncrease)
25  canvas.bind('<Button-3>', circleDecrease)
26
27  mainloop()
```

执行结果

19-3-6　有趣的动画实例

程序实例 ch19_20_4.py：写一个程序可以显示走马灯消息。

```
1  # ch19_20_4.py
2  from tkinter import *
3
4  window = Tk()
5  window.title("ch19_20_4")
6
7  xWidth = 300
8  yHeight = 100
9  canvas = Canvas(window, width=xWidth, height=yHeight)
10 canvas.pack()
11
12 x = 0
13 yMsg = 45
14 canvas.create_text(x, yMsg, text="明志科技大学", tags="msg")
15
16 dx = 5
17 while True:
18     canvas.move("msg", dx, 0)
19     canvas.after(100)
20     canvas.update()
21     if x < xWidth:
22         x += dx
23     else:
24         x = 0
25         canvas.delete("msg")
26         canvas.create_text(x, yMsg, text = "明志科技大学", tags = "msg")
27
28 window.mainloop()
```

执行结果

ch19_20_4
明志科技大学

程序实例 ch19_20_5.py：模拟简单的海龟 (turtle) 绘图，设计一个程序，当按 Up、Down、Right、Left 键时，可以绘制线条。

```
1  # ch19_20_5.py
2  from tkinter import *
3
4  def up(event):
5      global y
6      canvas.create_line(x, y, x, y - 5)
7      y -= 5
8  def down(event):
9      global y
10     canvas.create_line(x, y, x, y + 5)
11     y += 5
12 def left(event):
13     global x
14     canvas.create_line(x, y, x - 5, y)
15     x -= 5
16 def right(event):
17     global x
```

```
18      canvas.create_line(x, y, x + 5, y)
19      x += 5
20
21  xWidth = 200
22  yHeight = 200
23
24  window = Tk()
25  window.title("ch19_20_5")
26
27  canvas = Canvas(window, width=xWidth, height=yHeight)
28  canvas.pack()
29
30  x = xWidth / 2
31  y = yHeight / 2
32
33  canvas.bind("<Up>", up)
34  canvas.bind("<Down>", down)
35  canvas.bind("<Left>", left)
36  canvas.bind("<Right>", right)
37  canvas.focus_set()
38
39  window.mainloop()
```

执行结果

程序实例 ch19_20_6.py：绘制含有 3 片叶子的风扇，窗口的宽度与高度是 300×300，风扇的半径是 120，其他风扇颜色与转动细节则可以自行发挥。

```
1   # ch19_20_6.py
2   from tkinter import *
3   def displayFan(startingAngle):
4       canvas.delete("fan")
5       canvas.create_arc(xWidth / 2 - r, yHeight / 2 - r, xWidth / 2 + r, yHeight / 2 + r,
6             start = startAngle + 0, extent = 60, fill = "green", tags = "fan")
7       canvas.create_arc(xWidth / 2 - r, yHeight / 2 - r, xWidth / 2 + r, yHeight / 2 + r,
8             start = startAngle + 120, extent = 60, fill = "green", tags = "fan")
9       canvas.create_arc(xWidth / 2 - r, yHeight / 2 - r, xWidth / 2 + r, yHeight / 2 + r,
10            start = startAngle + 240, extent = 60, fill = "green", tags = "fan")
11
12  xWidth = 300
13  yHeight = 300
14  r = 120
15
16  window = Tk()
17  window.title("ch19_20_6")
18
19  canvas = Canvas(window,width=xWidth, height=yHeight)
20  canvas.pack()
21
22  startAngle = 0
23  while True:
24      startAngle += 5
25      displayFan(startAngle)
26      canvas.after(50)
27      canvas.update()
28
29  window.mainloop()
```

执行结果

程序实例 ch19_20_7.py：球类竞赛，重新设计程序实例 ch19_19.py，输出字符串让玩家由屏幕输入猜哪一个球跑得快，每次移动时都让计算机有 60% 移动的概率。

```
1   # ch19_20_7.py
2   from tkinter import *
3   from random import *
4   def display():
5       if Flag:
6           if ball.get() == "1":
7               raceResult.set("恭喜你赢了，Ball 1胜利")
8           else:
9               raceResult.set("抱歉你输了，Ball 1胜利")
10      else:
11          if ball.get() == "1":
12              raceResult.set("抱歉你输了，Ball 2胜利")
13          else:
14              raceResult.set("恭喜你赢了，Ball 2胜利")
15      startBtn.set("重置")
16
17  def running():
18      global Flag
19      if startBtn.get() == "重置":
20          startBtn.set("开始")
21          raceResult.set("")
```

```
22          canvas.delete('all')
23          canvas.create_text(10,50,text="1")
24          id1 = canvas.create_oval(20,50,70,100,fill='yellow')
25          canvas.create_text(10,150,text="2")
26          id2 = canvas.create_oval(20,150,70,200,fill='aqua')
27          return
28      canvas.delete('all')
29      canvas.create_text(10,50,text="1")
30      id1 = canvas.create_oval(20,50,70,100,fill='yellow')
31      canvas.create_text(10,150,text="2")
32      id2 = canvas.create_oval(20,150,70,200,fill='aqua')
33      id1Loc, id2Loc = 0, 0
34      for x in range(0, 100):
35          if ball.get() == '1':
36              weight = 40
37              raceResult.set("")
38          elif ball.get() == '2':
39              weight = 60
40              raceResult.set("")
41          else:
42              raceResult.set("输入错误!")
43              return
44          if randint(1,100) > weight:
45              canvas.move(id2, 5, 0)   # id2 X轴移动5px，Y轴移动0px
46              id2Loc += 1
47          else:
48              canvas.move(id1, 5, 0)   # id1 X轴移动5px，Y轴移动0px
49              id1Loc += 1
50          tk.update()                  # 强制tkinter重绘
51          canvas.after(50)
52      if id1Loc > id2Loc:
53          Flag = True
54      else:
55          Flag = False
56      display()
57
58  tk = Tk()
59  canvas= Canvas(tk, width=500, height=250)
60  canvas.pack()
61  canvas.create_text(10,50,text="1")
62  canvas.create_oval(20,50,70,100,fill='yellow')
63  canvas.create_text(10,150,text="2")
64  canvas.create_oval(20,150,70,200,fill='aqua')
65
66  Flag = True                         # 判断哪一球胜利
67
68  frame = Frame(tk)                   # 创建框架
69  frame.pack(padx=5, pady=5)
70  # 在框架Frame内建立标签Label，输入获胜的球，按钮Button
71  Label(frame, text="那一个球获胜 : ").pack(side=LEFT)
72  ball = StringVar()
73  ball.set("1or2")
74  entry = Entry(frame, textvariable=ball).pack(side=LEFT,padx=3)
75  startBtn = StringVar()
76  startBtn.set("开始")
77  Button(frame, textvariable=startBtn,command=running).pack(side=LEFT)
78  raceResult = StringVar()
79
80  Label(frame,width=16,textvariable=raceResult).pack(side=LEFT,padx=3)
81
82  tk.mainloop()
```

下列是选择 1 号球胜利，结果是 2 号球胜利的画面。

下列是输入错误的画面。

程序实例 ch19_20_8.py：设计移动的钟摆，这个钟摆是在钟摆中心，顺时针 120°与 60°之间来回摆动。

```
1   # ch19_20_8.py
2   from tkinter import *
3   import math
4
5   def show_pendulum():
6       global angle
7       global step
8       x1 = wd / 2;                                              # 钟摆中心x坐标
9       y1 = ht / 10;                                             # 钟摆中心y坐标
10      if angle < right_Angle:
11          step = 1                                              # 向右摆荡
12      elif angle > left_Angle:
13          step = -1                                             # 向左摆荡
14      angle += step
15      x = x1 + pendulum_radius * math.cos(math.radians(angle))
16      y = y1 + pendulum_radius * math.sin(math.radians(angle))
17      canvas.create_line(x1, y1, x, y, fill="goldenrod", tags = "pendulum")  # 钟摆轴长条
18      canvas.create_oval(x1 - r, y1 - r, x1 + r, y1 + r, fill = "gold",       # 钟摆轴心
19                         outline = "gold", tags = "pendulum")
20      canvas.create_oval(x - radius, y - radius, x + radius, y + radius,      # 钟摆球体
21                         fill = "gold", outline = "gold", tags = "pendulum")
22
23  wd = 300                                                      # 窗口宽
24  ht = 300                                                      # 窗口高
25  r = 2                                                         # 钟摆轴心半径
26  radius = 15                                                   # 钟摆球体半径
27  pendulum_radius = ht * 0.75
28
29  left_Angle = 120                                              # 摆荡最左边角度
30  right_Angle = 60                                              # 摆荡最右边角度
31  step = 1                                                      # 每次移动角度
32
33  window = Tk()
34  window.title("ch19_20_8")
35
36  canvas = Canvas(window, bg="blue", width=wd, height=ht)
37  canvas.pack()
38
39  angle = left_Angle
40  delay = 50                                                    # 延时0.05s
41
42  while True:
43      canvas.delete("pendulum")
44      show_pendulum()
45      canvas.after(delay)
46      canvas.update()                                          # 更新画布
47
48  window.mainloop()
```

程序实例 ch19_20_9.py：设计移动的钟摆，这个程序的钟摆中心在画布中间，钟摆会顺时针绕圈圈。

```
1  # ch19_20_9.py
2  from tkinter import *
3  import math
4
5  def show_pendulum():
6      global angle
7      x1 = wd / 2;                                              # 钟摆中心x坐标
8      y1 = ht / 2;                                              # 钟摆中心y坐标
9      angle += delta
10     x = x1 + pendulum_radius * math.cos(math.radians(angle))
11     y = y1 + pendulum_radius * math.sin(math.radians(angle))
12     canvas.create_line(x1, y1, x, y, fill="goldenrod", tags = "pendulum")   # 钟摆轴长条
13     canvas.create_oval(x1 - r, y1 - r, x1 + r, y1 + r, fill = "gold",       # 钟摆轴心
14                        outline = "gold", tags = "pendulum")
15     canvas.create_oval(x - radius, y - radius, x + radius, y + radius,      # 钟摆球体
16                        fill = "gold", outline = "gold", tags = "pendulum")
17
18 wd = 300                                                      # 窗口宽
19 ht = 300                                                      # 窗口高
20 r = 2                                                         # 钟摆轴心半径
21 radius = 10                                                   # 钟摆球体半径
22 pendulum_radius = ht * 0.45
23 left_Angle = 120                                              # 摆荡最左边角度
24 right_Angle = 60                                              # 摆荡最右边角度
25 delta = 3                                                     # 每次移动角度
26
27 window = Tk()
28 window.title("ch19_20_9")
29
30 canvas = Canvas(window, bg="blue", width=wd, height=ht)
31 canvas.pack()
32
33 angle = left_Angle                                            # 钟摆从左边开始
34 delay = 50                                                    # 延时0.05s
35
36 while True:
37     canvas.delete("pendulum")
38     show_pendulum()
39     canvas.after(delay)
40     canvas.update()                                           # 更新画布
41
42 window.mainloop()
```

程序实例 ch19_20_10.py：这个程序在执行时会显示两个圆，用户可以拖曳这两个圆，然后程序会显示这两个圆是否相交或重迭。

```python
1  # ch19_20_10.py
2  from tkinter import *
3  import math
4
5  class Circle:
6      def __init__(self, x, y, r):
7          ''' x,y坐标轴, r半径 '''
8          self.x = x
9          self.y = y
10         self.r = r
11     def setX(self, x):
12         self.x = x
13     def setY(self, y):
14         self.y = y
15     def is_insides(self, x, y):
16         d = distance(x, y, self.x, self.y)
17         return d <= self.r
18     def is_overlap(self, circle):
19         d = distance(self.x, self.y, circle.x, circle.y)
20         return  d <= self.r + circle.r
21
22 def distance(x1, y1, x2, y2):
23     return math.sqrt((x1 - x2) * (x1 - x2) + (y1 - y2) * (y1 - y2))
24 def show_Circle(c, obj):
25     canvas.delete(obj)
26     canvas.create_oval(c.x-c.r,c.y-c.r,c.x+c.r,c.y+c.r,tags=obj,fill='yellow')
27     canvas.create_text(c.x, c.y, text=obj, tags=obj)
28 def draged(event):
29     '''拖曳移动圆'''
30     if c1.is_insides(event.x, event.y):
31         c1.setX(event.x)
32         c1.setY(event.y)
33         show_Circle(c1, "c1")
34         if c1.is_overlap(c2):
35             label["text"] = "两圆相交或重迭"
36         else:
37             label["text"] = "两圆没有相交或重迭"
38     elif c2.is_insides(event.x, event.y):
39         c2.setX(event.x)
40         c2.setY(event.y)
41         show_Circle(c2, "c2")
42         if c1.is_overlap(c2):
43             label["text"] = "两圆相交或重迭"
44         else:
45             label["text"] = "两圆没有相交或重迭"
46
47 window = Tk()
48 window.title("ch19_20_10")
49
50 wd = 400
51 ht = 300
52 label = Label(window, text = "两圆相交或重迭" )
53 label.pack()
54 canvas = Canvas(window, width=wd, height=ht)
55 canvas.pack()
56
57 canvas.bind("<B1-Motion>", draged)
58 c1 = Circle(wd/2, ht/3, 30)
59 c2 = Circle(wd/2, ht*2/3, 50)
60 show_Circle(c1, "c1")
61 show_Circle(c2, "c2")
62
63 window.mainloop()
```

执行结果 程序执行时开始会显示两圆相交或重迭字符串，移动圆后就可以正确显示。

程序实例 ch19_20_11.py：设计一个程序，当单击再移动光标时，可以显示字符串，指出光标在圆内或是光标在圆外。本程序画布宽是 300，高是 240，圆中心在窗口中央，圆半径是 100。

```
1   # ch19_20_11.py
2   from tkinter import *
3
4   def inside_circle(xCenter, yCenter, radius, x, y):
5       distance = ((xCenter-x) * (xCenter-x) + (yCenter-y) * (yCenter-y)) ** 0.5;
6       if distance <= radius:
7           return True
8       else:
9           return False
10  def is_inside(event):
11      canvas.delete("text")
12      if inside_circle(wd/2, ht/2, r, event.x, event.y):
13          canvas.create_text(event.x, event.y - 5,
14                          text="鼠标光标在圆内", tags="text")
15      else:
16          canvas.create_text(event.x, event.y - 5,
17                          text="鼠标光标在圆外", tags="text")
18
19  wd = 300                    # 窗口宽度
20  ht = 240                    # 窗口高度
21  r = 100                     # 圆半径
22
23  window = Tk()
24  window.title("ch19_20_11")
25
26  canvas = Canvas(window, bg="yellow", width=wd, height=ht)
27  canvas.pack()
28  canvas.create_oval(wd/2 - r, ht/2 - r, wd/2 + r, ht/2 + r, tags = "circle")
29  canvas.bind("<B1-Motion>", is_inside)
30
31  window.mainloop()
```

执行结果

19-4　反弹球游戏设计

本节将一步一步引导读者设计一个反弹球的游戏。

19-4-1　设计球往下移动

程序实例 ch19_21.py：定义画布窗口名称为 Bouncing Ball，同时定义画布宽度 (14 行)
与高度和 (15 行) 分别为 640px 和 480px。这个球将往下移动然后消失，移到超出画布
范围后就消失了。

```
1   # ch19_21.py
2   from tkinter import *
3   from random import *
4   import time
5
6   class Ball:
7       def __init__(self, canvas, color, winW, winH):
8           self.canvas = canvas
9           self.id = canvas.create_oval(0, 0, 20, 20, fill=color)  # 创建球对象
10          self.canvas.move(self.id, winW/2, winH/2)               # 设置球最初位置
11      def ballMove(self):
12          self.canvas.move(self.id, 0, step)                      # step是正值表示往下移动
13
14  winW = 640                                                      # 定义画布宽度
15  winH = 480                                                      # 定义画布高度
16  step = 3                                                        # 定义速度可想成位移步伐
17  speed = 0.03                                                    # 设置移动速度
18
19  tk = Tk()
20  tk.title("Bouncing Ball")                                       # 游戏窗口标题
21  tk.wm_attributes('-topmost', 1)                                 # 确保游戏窗口在屏幕最上层
22  canvas = Canvas(tk, width=winW, height=winH)
23  canvas.pack()
24  tk.update()
25
26  ball = Ball(canvas, 'yellow', winW, winH)                       # 定义球对象
27
28  while True:
29      ball.ballMove()
30      tk.update()
31      time.sleep(speed)                                           # 可以控制移动速度
```

执行结果

这个程序由于是一个无限循环 (28 ～ 31 行)，所以在强制关闭画布窗口时，将在 Python Shell 窗口看到错误消息，本章最后的实例会改进程序。整个程序可以用球每次移动的步长 (16 行) 和循环第 31 行 time.sleep(speed) 指令的 speed 值，控制球的移动速度。

上述程序中创建了 Ball 类别，这个类别在 __init__( ) 方法中，在第 9 行创建了球对象，第 10 行先设置球是大约在中间位置。另外，创建了 ballMove( ) 方法，这个方法会依 step 变量移动，在此例中是每次往下移动。

19-4-2　设计让球上下反弹

如果想让所设计的球上下反弹，首先须了解 tkinter 模块如何定义对象的位置。其实以这个实例而言，可以使用 coords( ) 方法获得对象位置，它的返回值是对象的左上角和右下角坐标。

程序实例 ch19_22.py：主要是创建一个球，然后用 coords( ) 方法列出球位置的消息。

```python
1   # ch19_22.py
2   from tkinter import *
3
4   tk = Tk()
5   canvas= Canvas(tk, width=500, height=150)
6   canvas.pack()
7   id = canvas.create_oval(10,50,60,100,fill='yellow', outline='lightgray')
8   ballPos = canvas.coords(id)
9   print(ballPos)
```

执行结果

```
==================== RESTART: D:\PythonGUI\ch19\ch19_22.py ====================
[10.0, 50.0, 60.0, 100.0]
```

如以上述执行结果，可以用下面的图示讲解。

相当于可以用 coords( ) 方法获得下列结果。

ballPos[0]：球的左边 X 轴坐标，可用于判别是否撞到画布左方。

ballPos[1]：球的上边 Y 轴坐标，可用于判别是否撞到画布上方。

ballPos[2]：球的右边 X 轴坐标，可用于判别是否撞到画布右方。

ballPos[3]：球的下边 Y 轴坐标，可用于判别是否撞到画布下方。

程序实例 ch19_23.py：改进程序实例 ch19_21.py，设计让球可以上下移动。其实这个程序只是更改 Ball 类别内容。

```python
6   class Ball:
7       def __init__(self, canvas, color, winW, winH):
8           self.canvas = canvas
9           self.id = canvas.create_oval(0, 0, 20, 20, fill=color)   # 创建球对象
10          self.canvas.move(self.id, winW/2, winH/2)                # 设置球最初位置
11          self.x = 0                                                # 水平不移动
12          self.y = step                                            # 垂直移动单位
13      def ballMove(self):
14          self.canvas.move(self.id, self.x, self.y)                # step是正值表示往下移动
15          ballPos = self.canvas.coords(self.id)
16          if ballPos[1] <= 0:                                      # 检测球是否超过画布上方
17              self.y = step
18          if ballPos[3] >= winH:                                   # 检测球是否超过画布下方
19              self.y = -step
```

执行结果　读者可以观察屏幕，查看球上下移动的结果。

程序第 11 行定义球 X 轴不移动，第 12 行定义 Y 轴移动单位是 step。第 15 行获得球的位置信息，第 16、17 行检测如果球撞到画布上方则球往下移动 step 单位，第 18、19 行检测如果球撞到画布下方则球往上移动 step 单位 (因为是负值)。

19-4-3 设计让球在画布四面反弹

在反弹球游戏中，必须让球在四面都可反弹，这时须考虑到球在 X 轴移动，这时原先 Ball 类别的 __init__( ) 函数中需修改下列两行。

```
11          self.x = 0                                        # 水平不移动
12          self.y = step                                     # 垂直移动单位
```

下面是更改结果。

```
11          startPos = [-4, -3, -2, -1, 1, 2, 3, 4]           # 球最初X轴位移的随机数
12          shuffle(startPos)                                 # 打乱排列
13          self.x = startPos[0]                              # 球最初水平移动单位
14          self.y = step                                     # 垂直移动单位
```

上述程序修改的思想是球局开始时，每个循环 X 轴的移动单位是随机数产生的。至于在 ballMove( ) 方法中，须考虑到水平轴的移动可能碰撞画布左边与右边的状况，是如果球撞到画布左边，设置球沿 X 轴移动是正值，也就是往右移动。

```
18          if ballPos[0] <= 0:                               # 检测球是否超过画布左方
19              self.x = step
```

如果球撞到画布右边，设置球在 X 轴移动是负值，也就是往左移动。

```
22          if ballPos[2] >= winW:                            # 检测球是否超过画布右方
23              self.x = -step
```

程序实例 ch19_24.py：改进 ch19_23.py 程序，现在球可以在四周移动。

```
6  class Ball:
7      def __init__(self, canvas, color, winW, winH):
8          self.canvas = canvas
9          self.id = canvas.create_oval(0, 0, 20, 20, fill=color)   # 创建球对象
10         self.canvas.move(self.id, winW/2, winH/2)                 # 设置球最初位置
11         startPos = [-4, -3, -2, -1, 1, 2, 3, 4]                   # 球最初X轴位移的随机数
12         shuffle(startPos)                                         # 打乱排列
13         self.x = startPos[0]                                      # 球最初水平移动单位
14         self.y = step                                             # 垂直移动单位
15     def ballMove(self):
16         self.canvas.move(self.id, self.x, self.y)                # step是正值表示往下移动
17         ballPos = self.canvas.coords(self.id)
18         if ballPos[0] <= 0:                                       # 检测球是否超过画布左方
19             self.x = step
20         if ballPos[1] <= 0:                                       # 检测球是否超过画布上方
21             self.y = step
22         if ballPos[2] >= winW:                                    # 检测球是否超过画布右方
23             self.x = -step
24         if ballPos[3] >= winH:                                    # 检测球是否超过画布下方
25             self.y = -step
```

执行结果 读者可以观察屏幕，查看球在画布四周移动的结果。

19-4-4 创建球拍

首先创建一个静止的球拍，此时可以创建 Racket 类，在这个类中设置了它的初始大小与位置。

程序实例 ch19_25.py：扩充程序实例 ch19_24.py，主要是增加球拍设计，在这里先增加球拍类。在这个类中，在第 29 行设计了球拍的大小和颜色，第 30 行设置了最初球拍的位置。

```
26  class Racket:
27      def __init__(self, canvas, color):
28          self.canvas = canvas
29          self.id = canvas.create_rectangle(0,0,100,15, fill=color)    # 球拍对象
30          self.canvas.move(self.id, 270, 400)                         # 球拍位置
```

另外，在主程序中增加了创建一个球拍对象。

```
44  racket = Racket(canvas, 'purple')                                # 定义紫色球拍
```

执行结果

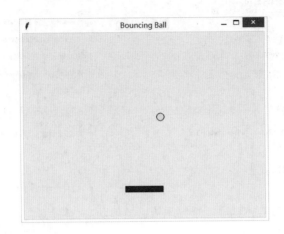

19-4-5　设计球拍移动

由于是假设使用键盘的右移和左移键移动球拍，所以可以在 Racket 的 __init__( ) 函数内增加，使用 bind_all( ) 方法绑定键盘按键发生时的移动方式。

```
32          self.canvas.bind_all('<KeyPress-Right>', self.moveRight)  # 绑定按住右键
33          self.canvas.bind_all('<KeyPress-Left>', self.moveLeft)   # 绑定按住左键
```

所以在 Racket 类内增加下列 moveRight( ) 和 moveLeft( ) 的设计。

```
41      def moveLeft(self, event):                                   # 球拍每次向左移动的单位数
42          self.x = -3
43      def moveRight(self, event):                                  # 球拍每次向右移动的单位数
44          self.x = 3
```

上述设计相当于每次的位移量是 3，如果游戏有设等级，可以让新手位移量增加，随等级增加让位移量减少。此外，这个程序中增加了球拍移动主体设计如下。

```
34      def racketMove(self):                                        # 设计球拍移动
35          self.canvas.move(self.id, self.x, 0)
36          pos = self.canvas.coords(self.id)
37          if pos[0] <= 0:                                          # 移动时是否碰到画布左边
38              self.x = 0
39          elif pos[2] >= winW:                                     # 移动时是否碰到画布右边
40              self.x = 0
```

主程序也将新增球拍移动方法的调用。

```
61  while True:
62      ball.ballMove()
63      racket.racketMove()
64      tk.update()
65      time.sleep(speed)                                           # 可以控制移动速度
```

程序实例 ch19_26.py：扩充程序实例 ch19_25.py 的功能，增加设计让球拍左右可以移动，下列程序第 31 行是设置程序开始时，球拍位移是 0。下面是球拍类的内容。

```
26  class Racket:
27      def __init__(self, canvas, color):
28          self.canvas = canvas
29          self.id = canvas.create_rectangle(0,0,100,15, fill=color)    # 球拍对象
30          self.canvas.move(self.id, 270, 400)                          # 球拍位置
31          self.x = 0
32          self.canvas.bind_all('<KeyPress-Right>', self.moveRight)     # 绑定按住右键
33          self.canvas.bind_all('<KeyPress-Left>', self.moveLeft)       # 绑定按住左键
34      def racketMove(self):                                            # 设计球拍移动
35          self.canvas.move(self.id, self.x, 0)
36          pos = self.canvas.coords(self.id)
37          if pos[0] <= 0:
38              self.x = 0                                               # 移动时是否碰到画布左边
39          elif pos[2] >= winW:
40              self.x = 0                                               # 移动时是否碰到画布右边
41      def moveLeft(self, event):                                       # 球拍每次向左移动的单位数
42          self.x = -3
43      def moveRight(self, event):                                      # 球拍每次向右移动的单位数
44          self.x = 3
```

下列是主程序内容。

```
58  racket = Racket(canvas, 'purple')                                   # 定义紫色球拍
59  ball = Ball(canvas, 'yellow', winW, winH)                           # 定义球对象
60
61  while True:
62      ball.ballMove()
63      racket.racketMove()
64      tk.update()
65      time.sleep(speed)                                               # 可以控制移动速度
```

执行结果 读者可以观察屏幕，查看球拍已经可以左右移动。

19-4-6　球拍与球碰撞的处理

在上述程序的执行结果中，球碰到球拍基本上是可以穿透过去，本节将讲解碰撞的处理。首先可以增加将 Racket 类传给 Ball 类，如下。

```
6  class Ball:
7      def __init__(self, canvas, color, winW, winH, racket):
8          self.canvas = canvas
9          self.racket = racket
```

当然在主程序中创建 Ball 类对象时需修改调用方法如下。

```
67  racket = Racket(canvas, 'purple')                                   # 定义紫色球拍
68  ball = Ball(canvas,'yellow',winW,winH,racket)                       # 定义球对象
```

在 Ball 类中需增加是否球碰到球拍的方法，如果碰到就让球沿路径往上反弹。

```
33      if self.hitRacket(ballPos) == True:                             # 检测是否撞到球拍
34          self.y = -step
```

在 Ball 类的 ballMove( ) 方法上方需增加下列 hitRacket( ) 方法，检测球是否碰撞球拍，如果碰撞了会传回 True，否则传回 False。

```
16      def hitRacket(self, ballPos):
17          racketPos = self.canvas.coords(self.racket.id)
18          if ballPos[2] >= racketPos[0] and ballPos[0] <= racketPos[2]:
19              if ballPos[3] >= racketPos[1] and ballPos[3] <= racketPos[3]:
20                  return True
21          return False
```

上述检测是否球撞到球拍必须符合以下两个条件。

(1) 球的右侧 X 轴坐标 ballPos[2] 大于球拍左侧 X 坐标 racketPos[0]，同时球的左侧 X 坐标 ballPos[0] 小于球拍右侧 X 坐标 racketPos[2]。

(2) 球的下方 Y 坐标 ballPos[3] 大于球拍上方的 Y 坐标 racketPos[1]，同时必须小于球拍下方的 Y 坐标 racketPos[3]。读者可能奇怪为何不是检测碰到球拍上方即可，主要是球不是一次移动 1px，如果移动 3px，很可能会跳过球拍上方。

下面是球的可能移动方式图示。

程序实例 ch19_27.py：扩充程序实例 ch19_26.py，当球碰撞到球拍时会反弹。下面是完整的 Ball 类设计。

```
6  class Ball:
7      def __init__(self, canvas, color, winW, winH, racket):
8          self.canvas = canvas
9          self.racket = racket
10         self.id = canvas.create_oval(0, 0, 20, 20, fill=color)   # 创建球对象
11         self.canvas.move(self.id, winW/2, winH/2)                # 设置球最初位置
12         startPos = [-4, -3, -2, -1, 1, 2, 3, 4]                  # 球最初X轴位移的随机数
13         shuffle(startPos)                                        # 打乱排列
14         self.x = startPos[0]                                     # 球最初水平移动单位
15         self.y = step                                            # 垂直移动单位
16     def hitRacket(self, ballPos):
17         racketPos = self.canvas.coords(self.racket.id)
18         if ballPos[2] >= racketPos[0] and ballPos[0] <= racketPos[2]:
19             if ballPos[3] >= racketPos[1] and ballPos[3] <= racketPos[3]:
20                 return True
21         return False
22     def ballMove(self):
23         self.canvas.move(self.id, self.x, self.y)               # step是正值表示往下移动
24         ballPos = self.canvas.coords(self.id)
25         if ballPos[0] <= 0:                                      # 检测球是否超过画布左方
26             self.x = step
27         if ballPos[1] <= 0:                                      # 检测球是否超过画布上方
28             self.y = step
29         if ballPos[2] >= winW:                                   # 检测球是否超过画布右方
30             self.x = -step
31         if ballPos[3] >= winH:                                   # 检测球是否超过画布下方
32             self.y = -step
33         if self.hitRacket(ballPos) == True:                     # 检测是否撞到球拍
34             self.y = -step
```

执行结果 读者可以观察屏幕，查看球碰撞到球拍时会反弹。

19-4-7 完整的游戏

在实际的游戏中，若是球碰触画布底端应该让游戏结束，此时首先在第 16 行 Ball 类的 __init__( ) 函数中设置 notTouchBottom 为 True，为了让玩家可以缓冲，此时也设

置球局开始时球是往上移动 (第 15 行)，如下。

```
15              self.y = -step                              # 球先往上垂直移动单位
16              self.notTouchBottom = True                  # 未接触画布底端
```

修改主程序的循环如下。

```
73   while ball.notTouchBottom:                            # 如果球未接触画布底端
74       ball.ballMove()
75       racket.racketMove()
76       tk.update()
77       time.sleep(speed)                                 # 可以控制移动速度
```

最后在 Ball 类别的 ballMove( ) 方法中检测球是否接触画布底端，如果是则将 notTouchBottom 设为 False，这个 False 将让主程序的循环中止执行。同时如果关闭 Bouncing Ball 窗口时，不再有错误消息产生了。

程序实例 ch19_28.py：完整的反弹球设计。

```
1   # ch19_28.py
2   from tkinter import *
3   from random import *
4   import time
5
6   class Ball:
7       def __init__(self, canvas, color, winW, winH, racket):
8           self.canvas = canvas
9           self.racket = racket
10          self.id = canvas.create_oval(0, 0, 20, 20, fill=color)   # 创建球对象
11          self.canvas.move(self.id, winW/2, winH/2)                # 设置球最初位置
12          startPos = [-4, -3, -2, -1, 1, 2, 3, 4]                  # 球最初X轴位移的随机数
13          shuffle(startPos)                                        # 打乱排列
14          self.x = startPos[0]                                     # 球最初水平移动单位
15          self.y = -step                                           # 球先往上垂直移动单位
16          self.notTouchBottom = True                               # 未接触画布底端
17      def hitRacket(self, ballPos):
18          racketPos = self.canvas.coords(self.racket.id)
19          if ballPos[2] >= racketPos[0] and ballPos[0] <= racketPos[2]:
20              if ballPos[3] >= racketPos[1] and ballPos[3] <= racketPos[3]:
21                  return True
22          return False
23      def ballMove(self):
24          self.canvas.move(self.id, self.x, self.y)                # step是正值表示往下移动
25          ballPos = self.canvas.coords(self.id)
26          if ballPos[0] <= 0:                                      # 检测球是否超过画布左方
27              self.x = step
28          if ballPos[1] <= 0:                                      # 检测球是否超过画布上方
29              self.y = step
30          if ballPos[2] >= winW:                                   # 检测球是否超过画布右方
31              self.x = -step
32          if ballPos[3] >= winH:                                   # 检测球是否超过画布下方
33              self.y = -step
34          if self.hitRacket(ballPos) == True:                      # 检测是否撞到球拍
35              self.y = -step
36          if ballPos[3] >= winH:                                   # 如果球接触到画布底端
37              self.notTouchBottom = False
38  class Racket:
39      def __init__(self, canvas, color):
40          self.canvas = canvas
41          self.id = canvas.create_rectangle(0,0,100,15, fill=color)   # 球拍对象
42          self.canvas.move(self.id, 270, 400)                      # 球拍位置
43          self.x = 0
44          self.canvas.bind_all('<KeyPress-Right>', self.moveRight)  # 绑定按住右键
45          self.canvas.bind_all('<KeyPress-Left>', self.moveLeft)    # 绑定按住左键
46      def racketMove(self):                                        # 设计球拍移动
47          self.canvas.move(self.id, self.x, 0)
48          racketPos = self.canvas.coords(self.id)
49          if racketPos[0] <= 0:                                    # 移动时是否碰到画布左边
50              self.x = 0
51          elif racketPos[2] >= winW:                               # 移动时是否碰到画布右边
52              self.x = 0
53      def moveLeft(self, event):                                   # 球拍每次向左移动的单位数
54          self.x = -3
55      def moveRight(self, event):                                  # 球拍每次向右移动的单位数
56          self.x = 3
57
58  winW = 640                                                       # 定义画布宽度
59  winH = 480                                                       # 定义画布高度
60  step = 3                                                         # 定义速度可想成位移步伐
61  speed = 0.01                                                     # 设定移动速度
62
```

```
63    tk = Tk()
64    tk.title("Bouncing Ball")                            # 游戏窗口标题
65    tk.wm_attributes('-topmost', 1)                      # 确保游戏窗口在屏幕最上层
66    canvas = Canvas(tk, width=winW, height=winH)
67    canvas.pack()
68    tk.update()
69
70    racket = Racket(canvas, 'purple')                    # 定义紫色球拍
71    ball = Ball(canvas,'yellow',winW,winH,racket)        # 定义球对象
72
73    while ball.notTouchBottom:                            # 如果球未接触画布底端
74        ball.ballMove()
75        racket.racketMove()
76        tk.update()
77        time.sleep(speed)                                # 可以控制移动速度
```

执行结果

19-5　多个反弹球的设计

在屏幕上同时设计多个反弹球。

程序实例 ch19_29.py：这个程序有下列功能按钮。

增加球：可以产生一个球。

减少球：可以将串行末端球删除。

暂停：可以暂停所有球的移动。

恢复：可以让所有球移动。

结束：可以结束此程序。

```
1     # ch19_29.py
2     from tkinter import * # Import tkinter
3     import random
4
5     # 传回球的随机颜色
6     def getColor():
7         colorlist = ['red', 'green', 'blue', 'aqua', 'gold', 'purple']
8         return random.choice(colorlist)
9
10    # 定义Ball类别
11    class Ball:
12        def __init__(self):
13            self.x = width / 2                           # 发球的X轴坐标
14            self.y = 0                                   # 发球的Y轴坐标
15            self.dx = 3                                  # 每次移动X轴距离
16            self.dy = 3                                  # 每次移动Y轴距离
17            self.radius = 5                              # 求半径
18            self.color = getColor()                      # 随机取得球的颜色
19
```

```
20   def addBall():                                # 增加球
21       ballList.append(Ball())
22
23   def removeBall():                             # 删除串行最后一个球
24       ballList.pop()
25
26   def stop():                                   # 动画停止
27       global ballRunning
28       ballRunning = True
29
30   def resume():                                 # 恢复动画
31       global ballRunning
32       ballRunning = False
33       animate()
34
35   def animate():                                # 球体移动
36       global ballRunning
37       while not ballRunning:
38           canvas.after(sleepTime)
39           canvas.update()                       # 更新
40           canvas.delete("ball")
41           for ball in ballList:                 # 更新所有球
42               redisplayBall(ball)
43
44   def redisplayBall(ball):                      # 重新显示球
45       if ball.x > width or ball.x < 0:
46           ball.dx = -ball.dx
47       if ball.y > height or ball.y < 0:
48           ball.dy = -ball.dy
49       ball.x += ball.dx
50       ball.y += ball.dy
51       canvas.create_oval(ball.x - ball.radius, ball.y - ball.radius,
52                          ball.x + ball.radius, ball.y + ball.radius,
53                          fill = ball.color, tags = "ball")
54
55   tk = Tk()
56   tk.title("ch19_29")
57   ballList = []                                 # 创建球的串行
58   width, height = 400, 260
59   canvas = Canvas(tk, width=width, height=height)
60   canvas.pack()
61
62   frame = Frame(tk)                             # 创建下方功能纽
63   frame.pack()
64   btnStop = Button(frame, text = "暂停", command = stop)
65   btnStop.pack(side = LEFT)
66   btnResume = Button(frame, text = "恢复",command = resume)
67   btnResume.pack(side = LEFT)
68   btnAdd = Button(frame, text = "增加球", command = addBall)
69   btnAdd.pack(side = LEFT)
70   btnRemove = Button(frame, text = "减少球", command = removeBall)
71   btnRemove.pack(side = LEFT)
72   btnExit = Button(frame, text = "结束", command=tk.destroy)
73   btnExit.pack(side = LEFT)
74
75   sleepTime = 50                                # 动画速度
76   ballRunning = False
77   animate()
78
79   tk.mainloop()
```

执行结果

19-6　创建直方图和执行排序

程序实例 ch19_30.py：设计一个含 1, 2, … , 20 数字的串行，这个串行会依数字大小产生不等长度的直方图，这个窗口下方有执行按钮，单击此按钮可以执行排序，排序完成如果再单击一次执行按钮可以列出排序完成对话框，若是单击重置按钮可以重新产生直方图框，若是单击结束按钮可以让程序执行结束。

```
1   # ch19_30.py
2   from tkinter import *
3   import tkinter.messagebox
4   import random
5
6   def reset():
7       ''' 重设直方图 '''
8       global i
9       i = 0                              # 重设索引
10      random.shuffle(mylist)
11      newBar()
12
13  def go():
14      ''' 执行排序 '''
15      global i
16      if i > len(mylist) - 1:
17          tkinter.messagebox.showinfo("showinfo", "排序完成")
18          return
19  # 将mylist[i]插入mylist[0 .. i-1]
20      currentValue = mylist[i]
21      k = i - 1
22  # 查询mylist[i]适当位置
23      while k >= 0 and mylist[k] > currentValue:
24          mylist[k + 1] = mylist[k]
25          k -= 1
26  # 正式执行插入list[k + 1]
27      mylist[k + 1] = currentValue
28
29      newBar()                           # 绘制新的直方图
30      i += 1                             # 增加串行指标
31
32  def newBar():
33      global i, gap
34      canvas.delete("line")              # 删除bar
35      canvas.delete("text")              # 删除bar上方数字
36      canvas.create_line(10, ht-gap, wd-10, ht-gap, tag="line")
37      barWd = (wd - 20) / len(mylist)
38
39      maxC = int(max(mylist))
40      for j in range(len(mylist)):
41          canvas.create_rectangle(j*barWd+10, (ht-gap)*(1-mylist[j]/(maxC+4)),
42                              (j+1)*barWd+10, ht-gap, tag="line")
43
44          canvas.create_text(j*barWd+10+barWd/2, (ht-gap)*(1-mylist[j]/(maxC+4))-8,
45                          text=str(mylist[j]), tag = "text")
46
47      if i >= 0:
48          canvas.create_rectangle(i*barWd+10, (ht-gap)*(1-mylist[i]/(maxC+4)),
49                              (i + 1)*barWd+10, ht-gap, fill="blue", tag="line")
50
51
52  wd = 400                               # 窗口宽度
53  ht = 200                               # 窗口高度
54  gap = 20                               # 直方图与窗口的间距
55  i = 0                                  # 这是目前排序指标
56
57  tk = Tk()
58  tk.title("ch19_30")                    # 窗口标题
59  canvas = Canvas(tk, width = wd, height = ht)
60  canvas.pack()
61
62  frame = Frame(tk)
63  frame.pack()
64
65  btnStep = Button(frame, text = "执行", command = go)
66  btnStep.pack(side = LEFT)
67  btnReset = Button(frame, text = "重置", command = reset)
68  btnReset.pack(side = LEFT)
69  btnReset = Button(frame, text = "结束", command = tk.destroy)
70  btnReset.pack(side = LEFT)
71
72  mylist = [ x for x in range(1, 20) ]
73  reset()
74  newBar()
75
76  tk.mainloop()
```

执行结果

19-7 递归概念与分形

19-7-1 使用 tkinter 处理谢尔宾斯基三角形

谢尔宾斯基三角形 (Sierpinski Triangle) 是由波兰数学家谢尔宾斯基在 1915 年提出的三角形概念，这个三角形本质上是分形 (Fractal)。所谓分形是指一个几何图形，它可以分为许多部分，每个部分都是整体的缩小版。这个三角形创建步骤如下。

(1) 创建一个等边三角形，这个三角形称为 0 阶 (order = 0) 谢尔宾斯基三角形。

(2) 将三角形各边中点连接，称为 1 阶谢尔宾斯基三角形。

(3) 中间三角形不变，将其他 3 个三角形各边中点连接，称为 2 阶谢尔宾斯基三角形。

(4) 使用递归式函数概念，重复上述步骤，即可产生 3、4 … 或更高阶谢尔宾斯基三角形。

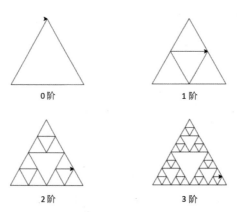

0 阶　　　　　　　　1 阶

2 阶　　　　　　　　3 阶

　　使用 tkinter 解这个题目最大的优点是可以在 GUI 随时更改阶数，然后可以在画布上显示执行结果。

程序实例 ch19_31.py：设计谢尔宾斯基三角形 (Sierpinski Triangle)，这个程序的基本步骤是在 tk 窗口内分别创建 Canvas( ) 对象 canvas 和 Frame( ) 对象 frame，然后在 canvas 对象内绘制谢尔宾斯基三角形。在 frame 对象内创建标签 Label、文本框 Entry 和按钮 Button，这是用于创建输入绘制谢尔宾斯基三角形的阶乘数与正式控制执行。

```
1  # ch19_31.py
2  from tkinter import *
3  # 依据特定阶数绘制Sierpinski三角形
4  def sierpinski(order, p1, p2, p3):
5      if order == 0:              # 阶数为0
6          # 将3个点连接绘制成三角形
7          drawLine(p1, p2)
8          drawLine(p2, p3)
9          drawLine(p3, p1)
10     else:
11         # 取得三角形各边长的中点
12         p12 = midpoint(p1, p2)
13         p23 = midpoint(p2, p3)
14         p31 = midpoint(p3, p1)
15         # 递归调用处理绘制三角形
16         sierpinski(order - 1, p1, p12, p31)
17         sierpinski(order - 1, p12, p2, p23)
18         sierpinski(order - 1, p31, p23, p3)
19 # 绘制p1和p2之间的线条
20 def drawLine(p1,p2):
21     canvas.create_line(p1[0],p1[1],p2[0],p2[1],tags="myline")
22 # 传回两点的中间值
23 def midpoint(p1, p2):
24     p = [0,0]                            # 初值设置
25     p[0] = (p1[0] + p2[0]) / 2
26     p[1] = (p1[1] + p2[1]) / 2
27     return p
28 # 显示
29 def show():
30     canvas.delete("myline")
31     p1 = [200, 20]
32     p2 = [20, 380]
33     p3 = [380,380]
34     sierpinski(order.get(), p1, p2, p3)
35
36 # main
37 tk = Tk()
38 canvas = Canvas(tk, width=400, height=400)       # 创建画布
39 canvas.pack()
40
41 frame = Frame(tk)                                # 创建框架
42 frame.pack(padx=5, pady=5)
43 # 在框架Frame内创建标签Label, 输入阶数Entry, 按钮Button
44 Label(frame, text="输入阶数 : ").pack(side=LEFT)
45 order = IntVar()
46 order.set(0)
47 entry = Entry(frame, textvariable=order).pack(side=LEFT,padx=3)
48 Button(frame, text="显示Sierpinski三角形",
49        command=show).pack(side=LEFT)
50
51 tk.mainloop()
```

执行结果

　　上述程序绘制第一个 0 阶的谢尔宾斯基三角形思路如下。

递归调用绘制谢尔宾斯基三角形的思路如下。

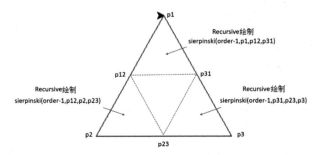

19-7-2 设计递归树

下列是 0 阶与 1 阶的递归树 (Recursive Tree)。

在 1 阶递归树中可以参考上方右图，线段 B 与 C 的长度是线段 A 的 0.6 倍，线段 B 和线段 C 则是 90° 连接。

程序实例 ch19_32.py：绘制一个递归树 Recursive Tree，假设树的分支是直角，下一层的树枝长度是前一层的 0.6 倍，下列是不同深度 (depth) 的递归树。

```
1  # ch19_32.py
2  from tkinter import *
3  import math
4
5  def paintTree(depth, x1, y1, length, angle):
6      if depth >= 0:
7          depth -= 1
8          x2 = x1 + int(math.cos(angle) * length)
9          y2 = y1 - int(math.sin(angle) * length)
10         # 绘线
11         drawLine(x1, y1, x2, y2)
12         # 绘左边
13         paintTree(depth,x2, y2, length*sizeRatio, angle+angleValue)
14         # 绘右边
15         paintTree(depth, x2, y2, length*sizeRatio, angle-angleValue)
16
```

```
17  # 绘制x1和x2之间的线条
18  def drawLine(x1, y1, x2, y2):
19      canvas.create_line(x1, y1, x2, y2,tags="myline")
20
21  # 显示
22  def show():
23      canvas.delete("myline")
24      myDepth = depth.get()
25      paintTree(myDepth, myWidth/2, myHeight, myHeight/3, math.pi/2)
26
27  # main
28  tk = Tk()
29  myWidth = 400
30  myHeight = 400
31  canvas = Canvas(tk, width=myWidth, height=myHeight) # 创建画布
32  canvas.pack()
33
34  frame = Frame(tk)                                   # 创建框架
35  frame.pack(padx=5, pady=5)
36  # 在框架Frame内创建标签Label，输入depth数Entry，按钮Button
37  Label(frame, text="输入depth : ").pack(side=LEFT)
38  depth = IntVar()
39  depth.set(0)
40  entry = Entry(frame, textvariable=depth).pack(side=LEFT,padx=3)
41  Button(frame, text="Recursive Tree",
42          command=show).pack(side=LEFT)
43  angleValue = math.pi / 4                            # 设定角度
44  sizeRatio = 0.6                                     # 设定下一层的长度与前一层的比率是0.6
45
46  tk.mainloop()
```

执行结果

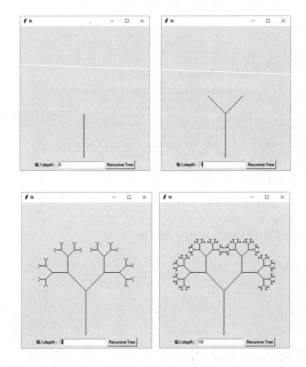

19-7-3　科赫雪花分形

科赫 (Von Koch) 是瑞典数学家 (1870—1924 年)，本节所介绍的科赫雪花分形是

依据他的名字命名，其原理如下。

(1) 创建一个等边三角形，这个等边三角形称为 0 阶。

(2) 从一个边开始，将此边分成 3 个等边长，1/3 等边长是 x 点 (x 点坐标计算方式可参考第 13 行)、2/3 等边长是 y 点 (y 点坐标计算方式可参考第 14 行)，其中中间的线段向外延伸产生新的等边三角形 (点是 z 点，z 点坐标计算方式可参考第 15、16 行)。

0阶   1阶

(3) 重复步骤 (2)，产生 2 阶、3 阶或更高阶的科赫雪花。

程序实例 ch19_33.py：从一个边长产生科赫雪花。

```
1   # ch19_33.py
2   from tkinter import *
3   import math
4
5   def koch(order, p1, p2):
6       ''' 绘制科赫雪花分形(Fractal) '''
7       if order == 0:                    # 如果阶数是0,绘制线条
8           drawLine(p1, p2)
9       else:                             # 计算线段间的x, y, z点
10          dx = p2[0] - p1[0]            # 计算线段间的X轴距离
11          dy = p2[1] - p1[1]            # 计算线段间的Y轴距离
12   # x是1/3线段点，y是2/3线段点，z是突出点
13          x = [p1[0] + dx / 3, p1[1] + dy / 3]
14          y = [p1[0] + dx * 2 / 3, p1[1] + dy * 2 / 3]
15          z = [(int)((p1[0]+p2[0]) / 2 - math.cos(math.radians(30)) * dy / 3),
16               (int)((p1[1]+p2[1]) / 2 + math.cos(math.radians(30)) * dx / 3)]
17                                        # 递归调用绘制科赫雪花分形
18          koch(order - 1, p1, x)
19          koch(order - 1, x, z)
20          koch(order - 1, z, y)
21          koch(order - 1, y, p2)
22
23   # 绘制p1和p2之间的线条
24   def drawLine(p1, p2):
25       canvas.create_line(p1[0], p1[1], p2[0], p2[1],tags="myline")
26
27   # 显示Koch线段
28   def koch_demo():
29       canvas.delete("myline")
30       p1 = [200, 20]
31       p2 = [20, 320]
32       order = depth.get()
33       koch(order, p1, p2)              # 上方点到左下方点
34
35   # main
36   tk = Tk()
37   myWidth = 400
38   myHeight = 400
39   canvas = Canvas(tk, width=myWidth, height=myHeight)
40   canvas.pack()
41
42   frame = Frame(tk)                    # 创建框架
43   frame.pack(padx=5, pady=5)
44   # 在框架Frame内建立标签Label，输入order数Entry，按钮koch
45   Label(frame, text="输入order ： ").pack(side=LEFT)
```

```
46   depth = IntVar()
47   depth.set(0)
48   entry = Entry(frame, textvariable=depth).pack(side=LEFT,padx=3)
49   Button(frame, text="koch",command=koch_demo).pack(side=LEFT)
50
51   koch_demo()                          # 第一次启动
52   tk.mainloop()
```

执行结果　下列分别是 0 ～ 5 阶的科赫雪花。

程序实例 ch19_34.py：扩充程序实例 ch19_33.py，创建等边三角形，然后由此等边三角形创建科赫雪花，主要是增加第 32、35 和 36 行。

```
1   # ch19_34.py
2   from tkinter import *
3   import math
4
5   def koch(order, p1, p2):
6       ''' 绘制科赫雪花分形(Fractal) '''
7       if order == 0:                   # 如果阶层是0,绘制线条
8           drawLine(p1, p2)
9       else:                            # 计算线段间的x, y, z点
10          dx = p2[0] - p1[0]           # 计算线段间的X轴距离
11          dy = p2[1] - p1[1]           # 计算线段间的Y轴距离
12  # x是1/3线段点, y是2/3线段点, z是突出点
13          x = [p1[0] + dx / 3, p1[1] + dy / 3]
14          y = [p1[0] + dx * 2 / 3, p1[1] + dy * 2 / 3]
15          z = [(int)((p1[0]+p2[0]) / 2 - math.cos(math.radians(30)) * dy / 3),
16             (int)((p1[1]+p2[1]) / 2 + math.cos(math.radians(30)) * dx / 3)]
17          # 逐次调用绘制科赫雪花分形
18          koch(order - 1, p1, x)
19          koch(order - 1, x, z)
20          koch(order - 1, z, y)
21          koch(order - 1, y, p2)
22
23  # 绘制p1和p2之间的线条
24  def drawLine(p1, p2):
25      canvas.create_line(p1[0], p1[1], p2[0], p2[1],tags="myline")
26
27  # 显示Koch线段
28  def koch_demo():
29      canvas.delete("myline")
30      p1 = [200, 20]
```

```
31      p2 = [20, 300]
32      p3 = [380, 300]
33      order = depth.get()
34      koch(order, p1, p2)              # 上方点到左下方点
35      koch(order, p2, p3)              # 左下方点到右下方点
36      koch(order, p3, p1)              # 右下方点到上方点
37
38  # main
39  tk = Tk()
40  myWidth = 400
41  myHeight = 400
42  canvas = Canvas(tk, width=myWidth, height=myHeight)
43  canvas.pack()
44
45  frame = Frame(tk)                    # 创建框架
46  frame.pack(padx=5, pady=5)
47  # 在框架Frame内创建标签Label，输入order数Entry，按钮koch
48  Label(frame, text="输入order : ").pack(side=LEFT)
49  depth = IntVar()
50  depth.set(0)
51  entry = Entry(frame, textvariable=depth).pack(side=LEFT,padx=3)
52  Button(frame, text="koch",command=koch_demo).pack(side=LEFT)
53
54  koch_demo()                          # 第一次启动
55  tk.mainloop()
```

执行结果

第 20 章

GUI 专题实践

本章摘要

20-1　MP3 音乐播放器

本节将介绍一个简单的 MP3 音乐播放器的制作，在这个音乐播放器中的选单列表中有 3 首 MP3，但是笔者在计算机内只找到两首 MP3 文件，所以程序第 14 行重复使用 house_lo.mp3 文件，读者可以轻易至网络上查找免费 MP3 文件取代此音乐。第 11 行的 NotifyPopup.mp3 是 Windows 操作系统自带的 MP3 文件，如下所示。

程序实例 ch20_1.py：创建一个 MP3 播放器，本程序执行时默认音乐选单是第 1 首歌，可以用选项按钮更改所选的音乐，单击"播放"按钮可以循环播放，单击"结束"按钮可以停止播放。注：这个程序读者需下载 MP3 文件到 ch20 文件夹。

```
1   # ch20_1.py
2   from tkinter import *
3   import pygame
4
5   def playmusic():                                    # 处理"播放"按钮
6       selection = var.get()                           # 获得音乐选项
7       if selection == '1':
8           pygame.mixer.music.load('house_lo.mp3')     # 播放选项1音乐
9           pygame.mixer.music.play(-1)                 # 循环播放
10      if selection == '2':
11          pygame.mixer.music.load('NotifyPopup.mp3')  # 播放选项2音乐
12          pygame.mixer.music.play(-1)                 # 循环播放
13      if selection == '3':
14          pygame.mixer.music.load('house_lo.mp3')     # 播放选项3音乐
15          pygame.mixer.music.play(-1)                 # 循环播放
16  def stopmusic():                                    # 处理"结束"按钮
17      pygame.mixer.music.stop()                       # 停止播放此首mp3
18
19  # 创建mp3音乐选项按钮内容的串行
20  musics = [('house_lo.mp3', 1),                      # 音乐选单串行
21            ('NofityPopup.mp3', 2),
22            ('happy.mp3', 3)]
23
24  pygame.mixer.init()                                 # 初始化mixer
25
26  tk = Tk()
27  tk.geometry('480x220')                              # 打开窗口
28  tk.title('Mp3 Player')                              # 创建窗口标题
29  mp3Label = Label(tk, text='\n我的Mp3 播放程序')       # 窗口内标题
30  mp3Label.pack()
31  # 创建选项按钮Radio button
32  var = StringVar()                                   # 设置以字符串表示选单编号
33  var.set('1')                                        # 默认音乐是1
34  for music, num in musics:                           # 创建系列选项按钮
35      radioB = Radiobutton(tk, text=music, variable=var, value=num)
36      radioB.pack()
37  # 创建按钮Button
38  # 单击Button1 播放mp3音乐
39  button1 = Button(tk, text='播放', width=10, command=playmusic)
40  button1.pack()
41  # 单击Button2 停止播放mp3音乐
42  button2 = Button(tk, text='结束', width=10, command=stopmusic)
43  button2.pack()
44  mainloop()
```

执行结果

这个程序中几个重要事项如下。

(1) 程序第 27 行 geometry( ) 方法,是另一种使用 tkinter 模块创建窗口的方式。

(2) 第 29、30 行在窗口内使用 Label( ) 创建标题,同时安置。有的程序设计师喜欢在 pack( ) 方法内加上 anchor=W 表示安置时锚点靠左对齐。

(3) 第 32~36 行是创建选项按钮,这些相同系列的选项按钮必须使用相同的变量 variable,至于选项值则由 value 设置。

(4) 第 32 行表面意思是设置字符串对象,真实内含是设置选单用字符串表示,如果想用整数可以将 StringVar( ) 改成 IntVar( )。

(5) 第 33 行 set( ) 是设置默认选项是 1。

(6) 第 34~36 行循环主要是使用 Radiobutton( ) 方法创建音乐选项按钮,音乐选单的来源是第 20~22 行的串行,此串行元素是元组 (tuple),相当于将元组的第一个元素以 music 变量放入 text,第二个元素以 num 变量放入 value。

(7) 第 38 行当单击"播放"按钮时执行 playmusic( ) 方法。

(8) 第 5~15 行是 playmusic( ) 播放方法,最重要的是第 6 行的 get( ) 方法,可以获得目前选项按钮的选项,然后可以根据选项播放音乐。

(9) 第 40 行是当单击"播放"按钮时执行 stopmusic( ) 方法。

(10) 第 16、17 行是 stopmusic( ) 方法,主要是停止播放 **MP3** 音乐。

20-2 专题:使用图形接口处理 YouTube 影音文件下载

YouTube 的影音文件网址是由 YouTube 网址 + 影音文件序列码所组成,例如:

"https://www.youtube.com/watch?v=MC9WIS_Spr4"

上述 MC9WIS_Spr4 是影音文件序列码,程序设计时可以简化要求使用者只输入序列码,YouTube 网址可以在程序中设置。

程序实例 ch20_2.py:使用 **GUI** 要求用户输入影音文件序列码,然后下载此文件。

```
1  # ch20_2.py
2  from tkinter import *
3  from pytube import YouTube
4  import os
5
6  def loadVideo():                          # 打印下载信息
7      mypath = path.get()
8      if not os.path.isdir(mypath):          # 如果不存在则创建此文件夹
```

```
9            os.mkdir(mypath)
10      vlinks = "https//www.youtube.com/watch?v="
11      vlinks = vlinks + links.get()              # 影音档案网址
12      yt = YouTube(vlinks)
13      yt.streams.first().download(mypath)
14      x.set("影音档案下载完成 ...")
15
16  window = Tk()
17  window.title("ex20_2")                         # 窗口标题
18
19  x = StringVar()
20  x.set("请输入影音档案序列码")
21  links = StringVar()
22  path = StringVar()
23
24  lab1 = Label(window,text="输入影音档案序列码 : ").grid(row=0)
25  lab2 = Label(window,text="请输入储存的文件夹 : ").grid(row=1)
26  lab3 = Label(window,textvariable=x,
27              height=3).grid(row=2,column=0,columnspan=2)
28
29  e1 = Entry(window,textvariable=links)          # 文本框1
30  e2 = Entry(window,textvariable=path)           # 文本框2
31  e1.grid(row=0,column=1)                        # 定位文本框1
32  e2.grid(row=1,column=1)                        # 定位文本框2
33
34  btn1 = Button(window,text="下载",command=loadVideo)
35  btn1.grid(row=3,column=0)
36  btn2 = Button(window,text="结束",command=window.destroy)
37  btn2.grid(row=3,column=1)
38
39  window.mainloop()
```

执行结果

下载完成后，所下载的影音文件可以在 d:\exercise 文件夹内看到。

附 录 A

RGB 色彩表

色彩名称	十六进制	色彩样式
AliceBlue	#F0F8FF	
AntiqueWhite	#FAEBD7	
Aqua	#00FFFF	
Aquamarine	#7FFFD4	
Azure	#F0FFFF	
Beige	#F5F5DC	
Bisque	#FFE4C4	
Black	#000000	
BlanchedAlmond	#FFEBCD	
Blue	#0000FF	
BlueViolet	#8A2BE2	
Brown	#A52A2A	
BurlyWood	#DEB887	
CadetBlue	#5F9EA0	
Chartreuse	#7FFF00	
Chocolate	#D2691E	
Coral	#FF7F50	
CornflowerBlue	#6495ED	
Cornsilk	#FFF8DC	
Crimson	#DC143C	
Cyan	#00FFFF	
DarkBlue	#00008B	
DarkCyan	#008B8B	
DarkGoldenRod	#B8860B	
DarkGray	#A9A9A9	
DarkGrey	#A9A9A9	
DarkGreen	#006400	
DarkKhaki	#BDB76B	
DarkMagenta	#8B008B	
DarkOliveGreen	#556B2F	
DarkOrange	#FF8C00	

（续表）

色彩名称	十六进制	色彩样式
DarkOrchid	#9932CC	
DarkRed	#8B0000	
DarkSalmon	#E9967A	
DarkSeaGreen	#8FBC8F	
DarkSlateBlue	#483D8B	
DarkSlateGray	#2F4F4F	
DarkSlateGrey	#2F4F4F	
DarkTurquoise	#00CED1	
DarkViolet	#9400D3	
DeepPink	#FF1493	
DeepSkyBlue	#00BFFF	
DimGray	#696969	
DimGrey	#696969	
DodgerBlue	#1E90FF	
FireBrick	#B22222	
FloralWhite	#FFFAF0	
ForestGreen	#228B22	
Fuchsia	#FF00FF	
Gainsboro	#DCDCDC	
GhostWhite	#F8F8FF	
Gold	#FFD700	
GoldenRod	#DAA520	
Gray	#808080	
Grey	#808080	
Green	#008000	
GreenYellow	#ADFF2F	
HoneyDew	#F0FFF0	
HotPink	#FF69B4	
IndianRed	#CD5C5C	
Indigo	#4B0082	

（续表）

色彩名称	十六进制	色彩样式
Ivory	#FFFFF0	
Khaki	#F0E68C	
Lavender	#E6E6FA	
LavenderBlush	#FFF0F5	
LawnGreen	#7CFC00	
LemonChiffon	#FFFACD	
LightBlue	#ADD8E6	
LightCoral	#F08080	
LightCyan	#E0FFFF	
LightGoldenRodYellow	#FAFAD2	
LightGray	#D3D3D3	
LightGrey	#D3D3D3	
LightGreen	#90EE90	
LightPink	#FFB6C1	
LightSalmon	#FFA07A	
LightSeaGreen	#20B2AA	
LightSkyBlue	#87CEFA	
LightSlateGray	#778899	
LightSlateGrey	#778899	
LightSteelBlue	#B0C4DE	
LightYellow	#FFFFE0	
Lime	#00FF00	
LimeGreen	#32CD32	
Linen	#FAF0E6	
Magenta	#FF00FF	
Maroon	#800000	
MediumAquaMarine	#66CDAA	
MediumBlue	#0000CD	
MediumOrchid	#BA55D3	
MediumPurple	#9370DB	

（续表）

色彩名称	十六进制	色彩样式
MediumSeaGreen	#3CB371	
MediumSlateBlue	#7B68EE	
MediumSpringGreen	#00FA9A	
MediumTurquoise	#48D1CC	
MediumVioletRed	#C71585	
MidnightBlue	#191970	
MintCream	#F5FFFA	
MistyRose	#FFE4E1	
Moccasin	#FFE4B5	
NavajoWhite	#FFDEAD	
Navy	#000080	
OldLace	#FDF5E6	
Olive	#808000	
OliveDrab	#6B8E23	
Orange	#FFA500	
OrangeRed	#FF4500	
Orchid	#DA70D6	
PaleGoldenRod	#EEE8AA	
PaleGreen	#98FB98	
PaleTurquoise	#AFEEEE	
PaleVioletRed	#DB7093	
PapayaWhip	#FFEFD5	
PeachPuff	#FFDAB9	
Peru	#CD853F	
Pink	#FFC0CB	
Plum	#DDA0DD	
PowderBlue	#B0E0E6	
Purple	#800080	
RebeccaPurple	#663399	
Red	#FF0000	

（续表）

色彩名称	十六进制	色彩样式
RosyBrown	#BC8F8F	
RoyalBlue	#4169E1	
SaddleBrown	#8B4513	
Salmon	#FA8072	
SandyBrown	#F4A460	
SeaGreen	#2E8B57	
SeaShell	#FFF5EE	
Sienna	#A0522D	
Silver	#C0C0C0	
SkyBlue	#87CEEB	
SlateBlue	#6A5ACD	
SlateGray	#708090	
SlateGrey	#708090	
Snow	#FFFAFA	
SpringGreen	#00FF7F	
SteelBlue	#4682B4	
Tan	#D2B48C	
Teal	#008080	
Thistle	#D8BFD8	
Tomato	#FF6347	
Turquoise	#40E0D0	
Violet	#EE82EE	
Wheat	#F5DEB3	
White	#FFFFFF	
WhiteSmoke	#F5F5F5	
Yellow	#FFFF00	
YellowGreen	#9ACD32	

B

附　录　B

函数或方法索引表